基于3S技术的橡胶树精准施肥

—— 黎小清　陈桂良　著 ——

中国农业科学技术出版社

图书在版编目（CIP）数据

基于3S技术的橡胶树精准施肥 / 黎小清，陈桂良著. —北京：中国农业科学技术出版社，2018. 9

ISBN 978-7-5116-3886-1

Ⅰ. ①基… Ⅱ. ①黎… ②陈… Ⅲ. ①橡胶树－施肥－Ⅳ.①S794.105

中国版本图书馆 CIP 数据核字（2018）第 210707 号

责任编辑　于建慧
责任校对　李向荣
出 版 者　中国农业科学技术出版社
　　　　　北京市中关村南大街12号　　邮编：100081
电　　话　（010）82109708（编辑室）　（010）82109702（发行部）
　　　　　（010）82109709（读者服务部）
传　　真　（010）82106650
网　　址　http://www.castp.cn
经 销 者　各地新华书店
印 刷 者　北京建宏印刷有限公司
开　　本　880mm×1 230mm　1/32
印　　张　3.25
字　　数　109千字
版　　次　2018年9月第1版　　2018年9月第1次印刷
定　　价　38.00元

前　言

　　天然橡胶是重要的战略物资，与钢铁、煤炭和石油同为"四大"重要的工业原料。中国是世界第一大天然橡胶消费国，提高天然橡胶生产能力是我国战略安全与国民经济发展的需要。我国自20世纪50年代开始大规模植胶，经过60多年的发展，无论是天然橡胶总产量还是植胶面积都取得了巨大的进步。但是我国植胶区的自然条件不如东南亚等主要植胶国，单产与其相比也有一定差距。而且我国适宜植胶的土地资源有限，依靠扩大橡胶种植面积来提高总产量的潜力非常有限。因此，在我国植胶业的发展历程中，施肥一直都是保证橡胶树增产、稳产的基本措施，对我国植胶业的发展发挥了极其重要的作用[1]。然而经过多年的植胶生产，各植胶区已面临单产提升困难、土壤养分大面积下降等重要问题，植胶生产中胶园养分管理技术和施肥技术亟待提升[2]。

　　我国橡胶树营养诊断指导施肥的研究工作始于20世纪60年代，70年代对橡胶树的诊断指标、采样时期和施肥量等做了比较系统的研究，提出了橡胶树正常生长的土壤和叶片营养诊断指标，并根据营养诊断结果指导施肥，可以显著提高肥效[3]。但是，由于各方面条件的限制，橡胶树施肥一直没有进一步精细化、系统化。精准化施肥是现代农业，也是现代天然橡胶树种植业发展的必然趋势，应用现代信息技术建立橡胶树施肥信息管理系统，开展基于3S技术的橡胶树精准化施肥工作，是提高橡胶树施肥效益的必由之路。

　　我国三大植胶区分别为云南省、海南省和广东省。云南省植胶区土层深厚肥沃，气候温暖湿润，日温差大，有利于橡胶树光合产物积累和产胶，单位面积橡胶产量居世界前列，已成为我国种植面积最大、产胶最多、单产最高的优质天然橡胶生产基地[4]。就云南植胶区来说，目前的肥料配方还在沿用20世纪90年代的配方，不能与变化了的土壤肥力和橡胶树营养状况相适应[5]。另外，原有专用肥的配方所针对的施肥区域过大，而由于土壤母质、人为耕作等因素的影响，即使在同一施肥区域内，不同施肥地点的土壤养分也有所差异，橡胶树的营养状况不同，如施用同一种配方的肥料且用量相同，必然造成橡胶树营养不平衡。因此，有必要对橡胶树的施肥单元进行合理划分，根据橡胶树营养情况进行因地、因树、因时制宜的精准化施肥。橡胶树是一种长期的经济作物，相比民营胶园，大型国营农场的橡胶树种植相对集约，因此其生长管理模式更适合于精准农业技术的推广应用。

　　云南西双版纳东风农场始建于1958年，位于西双版纳景洪市南端，与缅甸接壤，是一个以生产天然橡胶为主，集农、工、商、运、建多种经营，具有光荣历史和辉煌业绩的综合性大型农业企业。现有土地1.67万hm²，种植橡胶1.187万hm²。东风农场气候属热带季风性气候，年均气温21.2℃，场、队分布在勐龙坝边沿丘陵地带，海拔在600～800m，年降水量1 445.5mm。东风农场经济以橡胶种植为主，作为西双版纳州一支重要的经济力量，为西双版纳地区的经济繁荣、民族团结、社会进步作出了突出的贡献，对边疆的改革、发展、稳定起到主导作用。本书将以云南东风农场为例，介绍橡胶树精准施肥技术在云南山地胶园的应用。

注：1亩≈667m²。全书同。

目　录

第一章 绪 论

第一节 3S技术

3S技术是GNSS（全球卫星导航系统）、RS（遥感）和GIS（地理信息系统）的统称。GNSS为全球用户提供实时、全天候、高精度的导航、定位和授时服务；RS以电磁波与地球表面物质相互作用为基础，探测、分析和研究地球资源与环境，揭示地球表面各要素的空间分布特征与时空变化规律；GIS提供对地理空间数据的采集、管理、处理、分析、建模和显示。3S技术的快速发展为农业数字化建设和自动化、智能化管理提供了坚实的技术基础，并逐渐成为以可持续发展为目标的精准农业技术体系的核心技术。

一、全球卫星导航系统

全球卫星导航系统（GNSS），通常表示空间所有在轨运行的卫星导航系统的总称，是一个综合的星座系统。目前，已经在轨运行的GNSS系统主要有4个：美国全球定位系统（GPS）、俄罗斯格洛纳斯全球导航卫星系统（GLONASS）、欧盟伽利略卫星导航系统（Galileo）和中国北斗卫星导航系统（BDS）。GNSS系统为全球用户提供实时、全天候、高精度的导航、定位和授时服务，在农业生产、城市管理、交通运输、资源环境、防震减灾等领域具有广阔的市场需求和极大的发展潜力。

美国GPS是世界上第一个建成并在全球范围供军民两用的卫星导航定位系统，也是目前应用最广泛的GNSS系统。以GPS为代表的GNSS系统一般由3部分组成，分别称为空间段、地面段和用户段。其中，空间段由若干颗在轨工作卫星构成导航星座；地面段主要是地面控制部分，通常包括主控站、监测站、地面天线、数据传输系统和通信辅助系统等，作用是测量跟踪卫星轨道、预报卫星星历及对星上设备进行遥感遥测和控制管理等；用户段即导航信号接收机、数据处理器、计算机等用户设备，其功能是跟踪捕获卫星播发的导航信号，根据导航电文的内容按照协议解算出卫星轨道参数、用户所处位置高度及坐标、行进速度、标准时间信息等数据[6]。

（一）全球定位系统

全球定位系统（GPS）是美国在20世纪70年代开始建设的世界上第一个用于导航定位的全球系统，经过几十年的发展和更新，目前GPS系统已经成为全球星座组网最完善、定位精度最高、用户数量最多的卫星导航系统。

GPS系统基本星座由24颗卫星构成（21颗工作卫星、3颗备用卫星），均匀分布在6个中地球轨道（MEO）上，每个轨道上的卫星数量为4颗，轨道的高度约20 200km，轨道周期为11h 58min，6个轨道均为圆轨道，轨道与赤道之间的倾角为55°。这样的设计使得地面上任意位置的观测者均可在一天内的任意时刻接收到至少4颗卫星播发的无线电信号，从而实现定位与导航的目的。GPS系统采用码分多址（CDMA）的方式广播无线电信号，工作在同一频率上的信号通过伪随机噪声码（PRN）进行调制区分，每颗GPS卫星的伪随机噪声码互不相同。GPS信号具有两种不同的伪随机码：C/A码，即粗码，主要提供给民用导航；P码，即精码，主要提供军用导航定位，并且是加密的，只有GPS授权用户才可以使用。GPS系统于1991年7月1日开始实施选择可用性技术（SA），使C/A码单点定位精度由25m降低到100m。GPS系统于1995年全面建成并开始正式运行。

美国在1996年启动了"GPS现代化"工程，对GPS系统进行全面升级，更换工作失效的卫星。GPS现代化的主要内容包括：提高GPS卫星的信号发射强度，以增强抗电子干扰能力；在GPS信号中新增具有更好的保密性和抗干扰能力的军用码（M码），并与民用码分开；创造阻止和干扰敌方使用GPS的新技术；停止SA政策，提高民用定位精度；在L2载波上调制C/A码，增加L5民用频率，改善民用定位精度、抗干扰性、可靠性，并且可与欧盟Calileo系统实现互操作；研制抗干扰能力和快速初始化功能更强的接收设备；升级全球的监控站，并增加11个跟踪站[7]。2000年5月，美国取消SA政策。2011年6月，美国空军完成对GPS系统基本星座的扩展，将系统的工作卫星数量增至27颗，以便系统最大程度地全球覆盖。截至2018年3月，共有31颗GPS卫星在轨运行，包括12颗GPS IIR卫星、7颗GPS IIR-M卫星和12颗GPS IIF卫星，多出的这些卫星为备用卫星，备用卫星不参与GPS基本星座的组网，但它们共同工作时将会提高GPS的定位、导航和授时精度及可靠性。GPSIII是GPS现代化计划的最后一个阶段，是在发射GPSIIR-M和GPSIIF卫星之后对GPS实施的进一步现代化的阶段。为了改善GPSII阶段中存在的信号精度、抗干扰能力、安全性、完好性、信号监测和星座布局等方面的问题，美国国防部要求GPSIII不仅提供更高的性能，而且具备系统方案可更换的能力，使之随着需求的改变而更新。GPSⅢ将选择全新的优化设计方案，放弃现有的24颗中轨道卫星（MEO），采用全新的33颗高轨道（HEO）和静止轨道卫星（GEO）组成。目前，GPSⅢ的卫星正在研制阶段，与现有GPS相比，新一代GPSⅢ卫星在精准度方面将提高3倍，而抗干扰能力将提高8倍。使用寿命将延长到15年，比目前的GPS卫星寿命延长25%。

（二）格洛纳斯卫星导航系统

俄罗斯格洛纳斯全球导航卫星系统（GLONASS）与美国GPS系统几乎同时起步，但经历了漫长而曲折的发展过程，GLONASS系统的组网建设远落后于GPS。随着近年来经济的复苏与卫星导航系统战略性地位的提升，俄政府加大了GLONASS工程的资金投入力度，使其得到快速复苏，目前成为全球第二大卫星导航系统。

GLONASS系统标准配置为24颗卫星，它们均匀分布在3个近圆形轨道面上，每个轨道面有 8 颗卫星运行，与赤道间的轨道倾角为64.8°，每两个轨道面之间的夹角为120°，同一个轨道面上的卫星之间相隔45°。GLONASS系统的轨道高度约为19 100km，运行周期约为11h 15min。1982年第一颗GLONASS卫星发射成功，至1995年底，GLONASS导航星座组网卫星数量超过24颗。俄罗斯政府于1996年宣布GLONASS全球卫星导航系统正式建成。GLONASS的传统信号使用FDMA，包括两个伪随机噪声（PRN）测距码：标准精度ST码（类似于GPS的C/A码）和精密精度VT码（类似于GPS的P码），调制到L1和L2载波上[8]。

由于卫星的平均寿命过短，一般仅为2～3年，加之经济状况欠佳，没有足够的资金来及时补发新卫星，导致正常运行的卫星数量大减。2000年年底，GLONASS系统卫星数减少至6颗，已无法正常工作。从2003年开始，GLONASS系统进入全面升级阶段，寿命更长、通信系统更为稳定的新型GLONASS-M卫星陆续发射并运行，进入2010年后，5颗GLONASS-M卫星的发射成功标志着新一代GLONASS系统正式完成组网建设。2011年，具有更轻便体积和更长久寿命的GLONASS-K1卫星的发射标志着GLONASS系统进入了第三代发展阶段。至2011年年底，GLONASS系统实现了全球覆盖能力。

GLONASS系统的最大特点是采用与GPS等系统完全不同的FDMA的信号多址接入方式，这也是俄罗斯一直宣称的GLONASS系统具有更强的抗干扰能力的重要基础。然而，也正是这一原因，使GLONASS系统需要面对互操作性等方面的挑战，并对GLONASS系统在全球民用市场的竞争能力构成影响。在全球各大卫星导航系统均采用CDMA的背景以及GNSS各大系统兼容和互操作的大趋势下，俄罗斯政府不得不考虑在GLONASS系统中引入CDMA信号。GLONASS-K1卫星除了保持第二代GLONASS-M卫星在L1和L2频率上的频分多址（FDMA）信号外，还在新的L3频率上，增加了与其他GNSS系统卫星信号实现兼容互操作的码分多址（CDMA）信号。截至2018年4月，GLONASS系统星座共包含25颗在轨卫星，其中23颗卫星运行在工作状态，1颗卫星正在进行飞行参数测试，另外还有1颗卫星处于维护中。

（三）伽利略卫星导航系统

伽利略卫星导航系统（Galileo）是欧盟正在建设中的全球卫星导航系统，它是世界上第一个完全向民用开放的具有商业性质的卫星定位系统，提供高精度，高可靠性的定位服务，实现完全非军方控制、管理，可以进行覆盖全球的导航和定位功能。随着欧盟有关部门的大力支持，Galileo正以高速发展的趋势进入国际GNSS市场。Galileo系统将与GPS和GLONASS实现兼容和互操作，通过提供双重频率作为标准，Galileo系统将把实时定位精度达到1m以内。

Galileo系统的组网星座包括30颗卫星，其中24颗卫星为工作星，其余6颗为备份星，这些卫星均匀分布在3个中圆地球轨道面上，轨道高度为23 222km，倾角为56°，卫星运行周期约为14h，预计到2020年Galileo系统全面建成[9]。

2016年12月15日，欧洲委员会（EC）——欧洲Galileo全球卫星导航系统的拥有者正式宣布Galileo初始服务启动，这是该系统向全面运行能力迈出的第一步。Galileo系统初始服务提供3种类型的服务，包括开放服务、授权服务和搜索与救援服务。开放服务（OS）是针对大众市场，与GPS完全互操作，其形成组合覆盖将为用户提供更准确和可靠的服务。授权服务（PRS）是加密的、更具鲁棒性（耐用性）的服务，向政府授权的用户如民防、消防和警察等部门提供服务。搜索与救援（SAR）服务是欧洲对国际搜索和救援服务的贡献。利用伽利略系统和其他基于GNSS的SAR服务，当在海上或在旷野中发生紧急事件时，用户定位遇险信标的时间将从最多3h减少到仅10min，其位置确定精度在5km内，而不是以前的10km。

（四）北斗卫星导航系统

北斗卫星导航系统（BDS）是中国着眼于国家安全和经济社会发展需要，自主建设、独立运行的卫星导航系统，为全球用户提供全天候、全天时、高精度的定位、导航和授时服务。

20世纪后期，中国开始探索适合国情的卫星导航系统发展道路，逐步形成了三步走发展战略[10]。第一步，建设北斗一号系统（也称北斗卫星导航试验系统）。1994年，启动北斗一号系统工程建设；2000年，发射2颗地球静止轨道卫星，建成系统并投入使用，采用有源定位体制，为中国用户提供定位、授时、广域差分和短报文通信服务；2003年，发射第三颗地球静止轨道卫星，进一步增强系统性能。第二步，建设北斗二号系统。2004年，启动北斗二号系统工程建设；2012年年底，完成14颗卫星（5颗地球静止轨道卫星、5颗倾斜地球同步轨道卫星和4颗中圆地球轨道卫星）发射组网。北斗二号系统在兼容北斗一号技术体制基础上，增加无源定位体制，为亚太地区用户提供定位、测速、授时、广域差分和短报文通信服务。第三步，建设北斗全球系统。2009年，启动北斗全球系统建设，继承北斗有源服务和无源服务两种技术体制；计划2018年，面向"一带一路"沿线及周边国家提供基本服务；2020年前后，完成35颗卫星发射组网，为全球用户提供服务。

BDS由空间段、地面段和用户段三部分组成。BDS空间段由若干地球静止轨道卫星、倾斜地球同步轨道卫星和中圆地球轨道卫星三种轨道卫星组成混合导航星座。BDS地面段包括主控站、时间同步/注入站和监测站等若干地面站。BDS用户段包括北斗兼容其他卫星导航系统的芯片、模块、天线等基础产品，以及终端产品、应用系统与应用服务等。

BDS的建设实践，实现了在区域快速形成服务能力、逐步扩展为全球服务的发展路径，丰富了世界卫星导航事业的发展模式。BDS具有以下特点：一是BDS空间段采用三种轨道卫星组成的混合星座，与其他卫星导航系统相比高轨卫星更多，抗遮挡能力强，尤其低纬度地区性能特点更为明显。二是BDS提供多个频点的导航信号，能够通过多频信号组合使用等方式提高服务精度。三是BDS创新融合了导航与通信能力，具有实时导航、快速定位、精确授时、位置报告和短报文通信服务五大功能。

目前，正在运行的北斗二号系统发播B1I和B2I公开服务信号，免费向亚太地区提供公开服务。服务区为55° N ~ 55° S、55° E ~ 180° E区域，定位精度优于10m，测速精度优于0.2m/s，授时精度优于50ns。

北斗三号卫星将增加性能更优的互操作信号B1C和B2a信号，在进一步提高基本导航服务能力基础上，按照国际标准提供星基增强服务（SBAS）及搜索救援服务（SAR）。同时，还将采用更高性能的铷原子钟和氢原子钟。北斗三号在北斗二号性能的基础上，将进一步提升1 ~ 2倍的定位精度，达到2.5 ~ 5m的水平，在保留北斗二号短报文功能的前提下，提升相关性能[11]。

二、遥感

遥感（Remote Sensing，RS）即遥远的感知。从字面上理解，就是远距离不接触"物体"而获得其信息。它通过遥感器"遥远"地采集目标对象的数据，并通过数据的分析获取有关地物目标、或地区、或现象的信息的一门科学与技术。

遥感采集的数据可以有多种形式，例如电磁波、力、声波等。通常所说的遥感是指电磁波遥感，即利用遥感平台上的遥感器，获取地球表层的反射或发射电磁波谱特征的数据，通过数据处理与分析，定性、定量地研究地球表层的物理过程、化学过程、生物过程、地学过程，为资源调查、环境监测等服务。遥感是以电磁波与地球表面物质相互作用为基础，探测、分析和研究地球资源与环境，揭示地球表面各要素的空间分布特征与时空变化规律的一门科学技术[12]。

一个完整的遥感应用通常包括以下3个主要环节。

第一，遥感数据获取。遥感通过不同的遥感系统（遥感平台和遥感器的组合）采集，并以图像或其他数据形式记录地表反射、发射电磁波谱特征。遥感图像主要有两种形式，即模拟图像与数字图像。

第二，数据处理与分析。遥感数据处理与分析主要包括辐射校正、几何校正、遥感图像解译。由于遥感系统空间、波谱、时间以及辐射分辨率的限制，很难精确地记录复杂地表的信息，因而误差不可避免地存在于数据获取过程中。需要通过辐射校正和几何校正纠正原始图像中的几何与辐射变形。遥感图像解译是通过遥感图像所提供的各种识别目标的特征信息进行分析、推理和判断，最终达到识别目标或现象的目的。

第三，数据应用。用户的需求是遥感的基本出发点和归宿。遥感根据用户提出的各种要求来选择适当的获取手段，以得到所需的遥感数据，选择适当的处理分析方法，以突出用户所要的信息。遥感根据不同目标用户，生成用户需要的信息产品，这些信息产品包括图形、影像图、专题图、表格、各种地学参数（如温度、湿度、生物量、植被覆盖度等）、数据库文件等。

（一）遥感的类型

1.按遥感平台分

遥感平台是用于安置各种遥感仪器，使其从一定高度或距离对地面目标进行探测，并为其提供技术保障和工作条件的运载工具。根据遥感平台运行高度的不同，可以将遥感分为地面遥感、航空遥感和航天遥感。地面遥感平台主要包括高塔、车、船等。航空遥感平台主要包括气球、飞机等。航天遥感平台主要包括人造卫星、宇宙飞船、空间站、航天飞机、火箭等。一般来说，遥感平台越高，探测范围越大。这些具有不同技术性能、工作方式和技术经济效益的遥感平台，组成一个多层次、立体化的现代化遥感信息获取系统，为完成专题的或综合的、区域的或全球的、静态的或动态的各种遥感活动提供了技术保证。

2.按电磁波段分

紫外遥感，探测波段在0.05～0.38μm；可见光遥感，探测波段在0.38～0.76μm；红外遥感，探测波段在0.76～1 000μm，微波遥感，探测波段在1mm至10m；多波段遥感，利用具有两个以上波谱通道的传感器对地物进行同步成像的一种遥感技术，它将物体反射或辐射的电磁波信息分成若干波谱段进行接收和记录；高光谱遥感，在电磁波谱的可见光、近红外、中红外和热红外波段范围内，获取许多非常窄的光谱连续的影像数据的技术，其成像光谱仪可以收集到上百个非常窄的光谱波段信息。高光谱遥感是当前遥感技术的前沿领域，它利用很多很窄的电磁波波段从感兴趣的物体获得有关数据，它使本来在宽波段遥感中不可探测的物质，在高光谱遥感中能被探测。

3.按工作方式分

主动遥感又称有源遥感，指从遥感平台上的人工辐射源，向目标物发射一定形式的电磁波，再由传感器接收和记录其反射波的遥感系统。其主要优点是不依赖太阳辐射，可以昼夜工作，而且可以根据探测目的的不同，主动选择电磁波的波长和发射方式。主动遥感一般使用的电磁波是微波波段和激光，多用脉冲信号，也有的用连续波束。普通雷达、侧视雷达，合成孔径雷达、红外雷达、激光雷达等都属于主动遥感系统。被动遥感又称无源遥感系统是遥感系统本身不带有辐射源的探测系统，即在遥感探测时，探测仪器获取和记录目标物体自身发射或是反射来自自然辐射源（如太阳）的电磁波信息的遥感系统。例如：航空摄影系统，红外扫描系统等皆属于被动遥感。

4.按是否成像分

成像遥感指能够获得图像信息方式的遥感。根据其成像原理，可分为摄影方式遥感和非摄影方式遥感。一般说，摄影方式遥感是指用光学原理摄影成像的方法获得图像信息的遥感，如使用多光谱摄影机进行的航空和航天遥感。非摄影方式遥感是指用光电转换原理扫描成像方法获得图像信息的遥感，如使用红外扫描仪、多光谱扫描仪、侧视雷达等进行的航空和航天遥感。

非成像遥感是指只能获得数据和曲线记录的遥感，如使用红外辐射温度计、微波辐射计、激光测高仪等进行的航空和航天遥感。

5.按遥感图像的记录方式分

根据遥感图像的记录方式可分为模拟图像和数字图像。模拟图像是指灰度和颜色连续变化的图像。通常，模拟图像是采用光学摄影系统获取的以感光胶片为介质的图像。例如，航空遥感获取的可见光黑白全色像片、彩色红外像片、多波段摄影像片和热红外摄影像片，都属于模拟图像。数字图像是指能被计算机存储、处理和使用的用数字表示的图像，是传感器记录电磁波能量的一种重要方式。模拟图像和数字图像可以通过模数变换（A/D）或数模变换（D/A）进行相互转换。模拟图像通过模数变换转换为数字图像才能被计算机存储和处理。

（二）遥感图像的分辨率

1.空间分辨率

空间分辨率（Spatial Resolution）是指图像上能够详细区分的

最小单元的尺寸或大小。空间分辨率最常用的表示方法是像元。像元是影像的基本单元，是成像过程中或用计算机处理时的基本采样点，由亮度值表示。空间分辨率是单个像元对应的地面面积大小，单位为"m"或"km"。例如美国quickbird卫星一个像元相当于地面面积0.61m×0.61m，其空间分辨率为0.61m。一般来说，遥感图像的空间分辨率越高，其识别物体的能力越强。遥感图像空间分辨率的选择，一般应选择小于被探测目标最小直径的1/2。

2.光谱分辨率

光谱分辨率（Spectral Resolution）是指遥感器所选用的波段数量的多少、各波段的波长位置及波长间隔大小。即选择的通道数、每个通道的中心波长、带宽，这三个因素共同决定光谱分辨率。一般而言，光谱分辨率越高，专题研究的针对性越强，对物体的识别精度越高，遥感应用分析的效果也越好。但是，波段分得越细，各波段数据间的相关性可能越强，增加数据的冗余度，往往相邻波段区间内的数据相互交叉、重复，而未必能达到预期的识别效果。同时，波段越多，数据量越大，也给数据传输、处理和鉴别带来新的困难。遥感器光谱分辨率的确定必须要综合考虑多种因素，通过大量实验数据，最后总结归纳而成。

3.时间分辨率

时间分辨率（Time Resolution）是关于遥感影像间隔时间的一项性能指标。遥感探测器按一定的时间周期重复采集数据，这种重复周期，又称回归周期。它是由飞行器的轨道高度、轨道倾角、运行周期、轨道间隔、偏移系数等参数所决定。这种重复观测的最小时间间隔称为时间分辨率。

4.辐射分辨率

辐射分辨率（Radiation Resolution）指遥感器对光谱信号强弱

的敏感程度、区分能力。即探测器的灵敏度，遥感器感测元件在接收光谱信号时能分辨的最小辐射度差或对两个不同辐射源的辐射量的分辨能力。辐射分辨率一般用灰度的分级数来表示。空间分辨率的增大，将伴之以辐射分辨率的降低。

（三）遥感图像处理

遥感图像处理是指计算机对遥感数字图像的操作和解译，它是遥感应用分析中十分重要的部分。主要包括图像校正、图像增强、图像镶嵌、图像融合、图像解译等。

1.遥感图像校正

由于遥感系统空间、波谱、时间以及辐射分辨率的限制，很难精确地记录复杂地表的信息，因而误差不可避免地存在于数据获取过程中。这些误差降低了遥感数据的质量，从而影响了图像分析的精度。遥感图像校正是指纠正变形的图像数据或低质量的图像数据，从而更加真实地反映其情景。图像校正主要包括辐射校正与几何校正两种。

2.遥感图像增强

遥感图像校正的目的是消除伴随数据获取过程中的误差及变形，使遥感器记录的数据更接近于真实值。而遥感图像增强是为了突出相关的专题信息，提高图像的视觉效果，使分析者更容易识别图像内容，从图像中提取更有用的定量化信息。遥感图像增强主要包括对比度变换、空间滤波、彩色变换、图像运算、多光谱变换和波段组合等。

3.遥感图像镶嵌

当研究区超出单幅遥感影像所覆盖的范围时，通常需要将两幅或多幅图像拼接形成一幅或一系列覆盖全区的较大图像，这个过程就是图像镶嵌。

4.遥感图像融合

遥感图像融合是将多源遥感数据在统一的地理坐标系中采用一定算法生成一组新的信息或合成图像的过程。遥感图像融合将多种遥感平台、多时相遥感数据之间以及遥感数据与非遥感数据之间的信息进行组合匹配、信息补充，融合后的数据更有利于综合分析。遥感图像融合通常是将低空间分辨率的多光谱图像或高光谱数据与高空间分辨率的单波段图像重采样生成一幅高分辨率多光谱图像。

5.遥感图像解译

遥感图像解译包括目视解译和计算机自动分类。目视解译是遥感图像解译的一种，是遥感成像的逆过程，是指专业人员通过直接观察或借助辅助判读仪器在遥感图像上获取特定目标地物信息的过程。计算机自动分类是根据遥感图像数据特征的差异和变化，通过计算机处理，自动输出地物目标的识别分类结果。计算机自动分类是计算机模式识别技术在遥感领域的具体应用，可提高从遥感数据中提取信息的速度与客观性。计算机自动分类的方法主要包括监督分类法和非监督分类法。

三、地理信息系统

（一）地理信息系统的概念

地理信息系统（Geographical Information System，GIS）是在计算机硬件与软件的支持下，以采集、管理、处理、分析、建模和显示空间数据，并回答用户问题等为主要任务的技术系统，具有以下基本特征。

第一，GIS是计算机化的技术系统。该系统由多个模块构成，例如数据采集、数据管理、数据处理、数据分析、可视化表达与输出等。这些模块直接影响着GIS的硬件平台、系统功能和效率、数据处理的方式和产品输出的类型。

第二，GIS的操作对象是空间数据。空间数据最根本特点是每一个数据都按统一的地理坐标进行编码，实现对其定位、定性、定量和拓扑关系的描述。GIS以空间数据作为处理和操作的主要对象，这是它区别于其他类型信息系统的根本标志，也是其技术难点之所在。

第三，GIS的技术优势在于它的混合数据结构和有效的数据集成、独特的地理空间分析能力、快速的空间定位搜索和复杂的查询功能、强大的图形创造和可视化表达手段以及地理过程的演化模拟和空间决策支持功能等。其中，通过地理空间分析可以产生常规方法难以获得的重要信息，实现在系统支持下的地理过程动态模拟和决策支持，这既是GIS的研究核心，也是GIS的重要贡献。

第四，GIS与地理学和测绘学有着密切的关系。地理学为GIS提供有关空间分析的基本观点与方法，是GIS的基础理论依托。测绘学不但为GIS提供各种不同比例尺和精度的定位数据，而且其理论和算法可直接用于空间数据的变换和处理。GIS是以一种全新的思维方式和技术手段来解决复杂的规划、管理和地理相关问题，例如城市规划、商业选址、环境评估、资源管理、灾害监测、全球变化等，解决这些复杂的空间规划和管理问题，是GIS应用的主要目标[13]。

（二）地理信息系统的构成

一个实用的GIS，要支持对空间数据的采集、管理、处理、分析、建模和显示等功能，一般包括以下5个主要部分：硬件、软件、空间数据、应用人员和应用模型[14]。

1.系统硬件

系统硬件用于支持空间数据的存储、处理、传输和显示，包括主机、输入设备、输出设备、存储设备和网络设备。计算机是GIS的主机，包括大型、中型、小型机，工作站/服务器和微型计算机。主要的输入设备有图形数字化仪、图形扫描仪、键盘等。输出设备包括绘图仪、打印机和图形显示终端等。主要的存储设备有软盘、硬盘、光盘、磁带及相应的驱动设备。网络设备包括布线系统、网桥、交换机、路由器等。硬件平台在一定程度上决定了GIS的规模、速度、精度、形式、功能和使用方法等。

2.系统软件

软件用于执行GIS功能的各种操作，包括数据输入、处理、数据管理、空间分析和显示等。GIS主要包括如下软件。

（1）GIS专业软件 一般指具有丰富功能的通用GIS软件，它包含了处理地理信息的各种高级功能，可作为其他GIS应用系统建设的平台。

（2）数据库软件 数据库软件用于存储和管理GIS的空间数据。

（3）计算机操作系统 计算机操作系统关系到GIS软件和开发语言使用的有效性，因此也是GIS的重要组成部分。

3.空间数据

所谓空间数据指的是地理实体或现象在信息世界中的映射，由空间特征数据和属性特征数据组成。空间特征数据包括地理实体或现象的定位数据（几何坐标）和拓扑数据（实体间的空间关系），是以点、线、面方式编码并以（x，y）坐标串储存管理的离散型空间数据，或者以一系列栅格单元表达的连续型空间数据。属性特征数据是包括地理实体或现象的专题属性（名称、分类、数量等）和时间数据。空间数据通常包括不同来源和形式的遥感数据、地形图数据、专题图数据、野外采样数据、统计调查数据等。

4.应用人员

GIS应用人员包括系统开发人员和GIS技术的最终用户。他们的业务素质和专业知识是GIS应用成败的关键。GIS是一个动态的技术系统，需要GIS应用人员对系统进行组织、管理、维护和数据更新、扩充完善及应用程序开发，并灵活运用地理分析模型提取多种信息，为科学研究和辅助决策服务。

5.应用模型

GIS应用模型的构建和选择也是GIS应用成败至关重要的因素，虽然GIS为解决各种现实问题提供了有效的基本工具，但对于要解决某一专门应用目标，必须通过构建专门的应用模型，例如，土地利用适宜性模型、公园选址模型、洪水预测模型、人口扩散模型、森林增长模型、水土流失模型等。

（三）地理信息系统的基本功能

地理信息系统，按其功能和内容，可以分为工具型地理信息系统和应用型地理信息系统。

工具型GIS，又称GIS开发平台或外壳，具有GIS基本功能，供其他系统调用或用户进行二次开发。

应用型地理信息系统是指在工具型或基础型地理信息系统的基础上，经过二次开发，建成满足专门用户解决一类或多类实际问题的地理信息系统。

地理信息系统的基本功能是空间数据的采集、管理、处理、分析和显示。地理信息系统依托这些基本功能，通过利用空间分析技术、模型分析技术、网络技术、数据库和数据集成技术、二次开发环境等，形成了丰富多彩的系统应用功能，满足社会和用户的广泛需求。

1.数据采集与编辑

地理信息系统的数据通常抽象为不同的专题或层。数据采集编辑功能就是保证各层实体的地物要素按顺序转化为（x，y）坐标及对应的代码输入到计算机中，各类数据的转化和输入方法如图1-1所示。

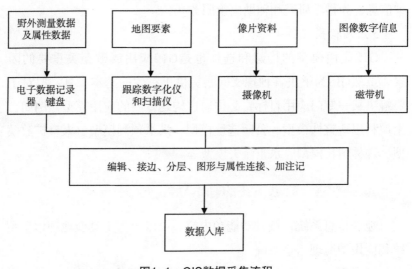

图1-1　GIS数据采集流程

2.数据存储与管理

数据库是数据存储与管理的最新技术，是一种先进的软件工程。GIS数据库是区域内一定地理要素特征以一定的组织方式存储在一起的相关数据的集合。由于GIS数据库具有数据量大、空间数据与属性数据具有不可分割的联系，以及空间数据之间具有显著的拓扑结构等特点，因此GIS数据库管理功能除了与属性数据有关的数据库管理系统（DBMS）功能之外，对空间数据的管理技术主要包括：空间数据库的定义、数据访问和提取、从空间位置检索空间物体及其属性、从属性条件检索空间物体及其位置、开窗和接边操作、数据更新和维护等。

3.数据处理与变换

由于GIS涉及的数据类型多种多样，同一种类型数据的质量也可能有很大的差异。为了保证系统数据的规范和统一，建立满足用户需求的数据文件，数据处理是GIS的基础功能之一。数据处理的任务和操作内容如下。

（1）数据变换　指对数据从一种数学状态转换为另一种数学状态，包括投影变换、辐射纠正、比例尺缩放、误差改正和处理等。

（2）数据重构　指对数据从一种几何形态转换为另一种几何形态，包括数据拼接、数据截取、数据压缩、结构转换等。

（3）数据抽取　指对数据从全集合到子集的条件提取，包括类型选择、窗口提取、布尔提取和空间内插等。

4.空间分析和统计

空间分析和统计功能是GIS的一个独立研究领域，它的主要特点是帮助确定地理要素之间新的空间关系，已成为区别于其他类型系统的一个重要标志，为用户提供了灵活地解决各类专门问题的有效工具。

（1）拓扑叠加　通过将同一地区两个不同图层的特征相叠加，不仅建立新的空间特征，而且能将输入的特征属性予以合并，易于进行多条件的查询检索、地图裁剪、地图更新和应用模型分析等。

（2）缓冲区建立　它是研究根据数据库的点、线、面实体，自动建立各种类型要素的缓冲多边形，用以确定不同地理要素的空间接近度或邻近性。它是GIS重要的和基本的空间分析功能之一。例如，规划建设一个开发区，需要通知一定范围内的居民动迁；在林业规划中，需要按照距河流一定纵深范围来确定森林砍伐区，以防止水土流失等。

（3）数字地形分析　提供了构造数字高程模型及有关地形分析的功能模块，包括坡度、坡向、地表粗糙度、山谷线、山脊线、日照强度、库容量、表面积、立体图、剖面图和通视分析等，为地学研究、工程设计和辅助决策提供重要的基础性数据。

（4）空间集合分析　空间集合分析是按照两个逻辑子集给定的条件进行布尔逻辑运算。

5.产品制作与显示

产品是指经由系统处理和分析，产生具有新的概念和内容，可以直接输出供专业规划或决策人员使用的各种地图、图像、图表或文字说明，其中地图图形输出是GIS产品的主要表现形式，包括各种类型的符号图、动线图、点值图、晕线图、等值线图、立体图等。

一个运行的GIS，其产品制作与显示的功能包括：设置显示环境、定义制图环境、显示地图要素、定义字形符号、设置字符大小和颜色、标注图名和图例以及绘图文件编辑等。

6.二次开发和编程

为使GIS技术广泛应用于各个领域，满足各种不同的应用需求，它必须具备的另一个重要基本功能是二次开发环境，包括提供专用语言的开发环境，用户可在自己的编程环境中调用GIS的命令和函数，或者系统将某些功能做成专门的控件供用户的开发语言调用等。这样，用户可以非常方便地编制自己的菜单和程序，生成可视化的用户应用界面，完成GIS的各项应用功能的开发。

（四）地理信息系统的发展

1.国外发展

纵观GIS的发展历史，可以概括为以下几个阶段。

（1）20世纪60年代　是GIS思想和技术方法的探索时期。这一阶段GIS思想开始萌生并在技术方法方面进行了初步探索。1963年，加拿大测量学家Roger Tomlinson首次提出了"GIS"这一概念，并提议加拿大土地调查局建立加拿大地理信息系统（CGIS），用于自然资源的管理与规划。该系统于1971年开始正式运行，是公认的是世界上最早建立的、功能比较完善的地理信息系统。受计算机发展水平的限制，这一时期地理信息系统的特征是存储能力小，磁带存取速度慢。机助制图能力较强，地学分析功能较简单，实现了手扶跟踪数字化，可以完成地图数据的拓扑编辑，分幅数据的自动拼接，开创了格网单元的操作方法，发展了许多基于格网的系统。所有这些处理空间数据的主要技术，奠定了地理信息系统发展的基础。20世纪60年代中后期，许多有关的机构和组织相继建立。1966年，美国成立城市与区域信息系统协会（URISA），1969年又建立州信息系统全国协会（NASIS），国际地理联合会（IGU）于1968年设立了地理数据收集和处理委员会（CGDSP）。这些组织和机构的建立，对于传播GIS知识和发展GIS技术起到了重要的指导作用。

（2）20世纪70年代　是GIS的发展时期。这一时期，计算机发展到第三代，内存容量大增，运算速度达到10^{-6}秒级，特别是大容量直接存储设备——磁盘的使用，为地理数据的录入、储存、检索、输出提供了强有力的手段。用户屏幕和图形、图像卡的发展增强了人机对话和高质量图形显示功能，促使GIS朝着实用化方向发展。这一时期，一些发达国家先后发展了自己的GIS。例如，1970—1976年，美国地质调查局建立了多个GIS，分别用于处理地理、地质和水资源等领域空间信息。法国建立了地理数据库GITAN系统和深部地球物理信息系统。瑞典在中央、区域和市三个级别上分别建立了多个GIS，比较典型的有道路数据库、区域统计数据库、斯德哥尔摩地理信息系统、城市规划信息系统和土地测量信息系统等。日本国土地理院从1974年便开始建立数字国土信息系统，主要用于存储、处理和检索测量数据、地形地质、行政区划、土地利用、航空影像信息等重要地理、空间信息，用于国家和地区土地规划服务。1980年，美国地质调查局出版了《空间数据处理计算机软件》的报告，基本总结了1979年以前世界各国GIS的发展状况。这个时期GIS受到了政府部门、商业公司和大学的普遍重视，成为引人注目的领域。

（3）20世纪80年代　是GIS在理论、方法、技术上取得突破与趋向成熟的阶段。由于大规模和超大规模集成电路的问世，特别是微型计算机和远程通讯传输设备的出现，为计算机的普及应用创造了条件，加上计算机网络的建立，使地理信息的传输效率得到极大提高。另外，软件开发工具的广泛应用和数据库技术的推广，推动了GIS的数据处理能力，空间分析功能，人机交互对话，地图的输入、编辑和输出技术的进一步发展，并逐渐走向成熟。这一时期，GIS的应用从解决基础设施的规划（如道路、输电线等）转向更加复杂的区域开发问题。例如土地的规划利用、城市发展战略研究、人口的规划和安置等，地理因素成为投资标准决策不可缺少的依据。GIS的国际合作日益加强，开展工作的国家和地区更为广泛，并且GIS由发达国家开始推向发展中国家。通过与卫星遥感技术相结合，研究如厄尔尼诺现象和酸雨、全球沙漠化、核扩散等具有全球性的问题。在GIS理论指导下，具有更强的通用性、独立性及高效率的工具型GIS迅猛发展并取得广泛应用。因此，可以认为20世纪80年代是GIS发展的突破阶段。

（4）20世纪90年代以来　随着全球地理信息产业的建立和全世界范围内数字化信息产品的普及，GIS进入用户时代。这一时期，由于社会各界对GIS认识的普遍加深以及社会对GIS需求大幅度增加，促进了GIS应用范围的不断扩大与深化。GIS深入到各行各业乃至千家万户中，成为人们生活生产、学习工作中不可缺少的工具和助手。GIS成为许多机构，特别是政府决策相关部门必备的工作系统。90年代以来，GIS研究与开发主要集中在以下方向：空间信息分析的新模式和新方法；空间信息应用模型；GIS的效益评价；三维、四维空间数据结构和数据模型；人工智能和专家系统的引入；网络GIS；虚拟现实技术与GIS的结合等。

2.国内发展

我国地理信息系统的发展起步较晚，但发展较快，大体可分为下列几个阶段。

（1）准备阶段（20世纪70年代）　20世纪70年代初，我国开始探讨计算机在测量、地图制图和遥感领域的应用。例如，1972年引进美国地球资源卫星图像，开展了卫星图像的处理和信息解译工作，随后召开了各种区域性遥感技术规划会议，先后开展了多项环境卫星系列数据与图像的接收、处理和应用的试验，如京津唐地区红外遥感试验、新疆哈密地区航空遥感实验等。此外，还开展了全国范围的航空摄影测量与地形制图，为我国地理信息系统数据库的建立打下了坚实的物质基础，并于1977年诞生我国第一张全要素数字地图。所有这些都为我国地理信息系统的研制和开发做了物质和技术准备，为GIS的发展开辟了道路。

（2）试验阶段（1980—1985）　20世纪80年代，随着计算机技术的发展和我国对"信息革命"的热烈响应，GIS这一新技术在我国正式进入全面试验阶段。我国在GIS理论探索、规范探讨、实验技术、软件开发、系统建立、人才培养、典型试验和专题试验等方面都取得了实质性的进展。在典型试验中主要研究建立数据规范和标准、空间数据库建立、数据处理和分析算法以及系统分析软件和应用软件的开发等。在专题试验和应用方面，探索地理信息系统的设计与应用，包括人口、资源、环境与经济等广泛专题的试验和应用。这一时期，GIS的研究和应用均未列入国家科研计划，而是由不同机构自发组织的科研和应用实验。

（3）发展阶段（1985—1995）　我国GIS的高速发展时期是在1990--1995年间，开展GIS和遥感联合科技攻关计划，十分强调GIS技术的集成化、实用化和工程化，在技术进步和基础建设上，全面开展数字化测绘体系，在大规模进行国家基础信息数据库和资源环境数据库的建设的前提下，努力推进软件系统的国产化、遥感与GIS技术的一体化。GIS已经从实验研究、地区性应用走向了大规模产业化和实用，并正在努力成为为国民经济重大问题的解决提供分析和决策的依据。为了促进地理信息系统在经济相对较为发达、相关技术力量比较雄厚、用户需求更为迫切的地区和城市首先产业化、实用化，在区域工作重心上出现向东部地区和城市地区倾斜的趋势。总而言之，中国GIS事业具备了走向产业化的条件，其在技术和应用方面都达到了一个新的水平新的起点，社会需求的迫切，使其在这十年期间取得了重大突破。

（4）产业化阶段（1996年至今）　经过近30年的发展，中国

GIS在研究和应用上逐步形成行业，具备了走向产业化的条件。"九五"期间（1996—2000年），原国家科学技术委员会将GIS作为独立课题列入"重中之重"科技攻关计划，给予了充分的重视和支持，技术发展速度明显加快，GIS基础软件技术支持得到了全面的加强，由此出现了一大批拥有自主产权的国产GIS软件。例如武汉吉奥信息技术有限公司的GeoStar、北京超图软件股份有限公司的SuperMap、北京大学的Citystar（城市之星）、武汉中地数码科技有限公司的MapGIS、北大方正集团的方正智绘等，我国的GIS产业化模型已初步形成。

（五）网络地理信息系统

社会经济建设、人们日常生活等涉及信息的80%以上均与地理信息密切相关。GIS广泛应用于资源管理、区域规划、国土监测、辅助决策等领域。GIS经历了单机环境应用向网络环境应用的发展过程。网络环境GIS应用从局域网内客户端/服务器（Client/Server，C/S）结构的应用向Internet环境下浏览器/服务器（Browser/Server，B/S）结构的网络地理信息系统（WebGIS）应用发展。随着互联网的迅猛发展和广泛使用，人们对GIS的需求也日益增长，互联网已成为新的GIS操作平台，它与GIS结合而成的WebGIS是GIS软件发展的必然趋势。

WebGIS的基本思想就是在互联网上提供地理信息服务，让用户通过浏览器从WebGIS服务器上获取地理数据和地理处理服务。WebGIS具有以下特征：①全球化的客户/服务器应用。WebGIS使全球范围内的用户拥有分布式地理信息的能力，用户可以从互联网的任意一个节点，通过Web浏览器访问与共享由一个或多个WebGIS服务器发布的数据与功能，而不必购买商业GIS软件。②真正大众化的GIS。由于Internet的爆炸性发展，Web服务正在进入千家万户，WebGIS给更多用户提供了使用GIS的机会。WebGIS可以使用通用浏览器进行浏览、查询，降低了终端用户的经济和技术负担，很大程度上扩大了GIS的潜在用户范围。而以往的GIS由于成本高和技术难度大，往往成为少数专家拥有的专业工具，很难推广。③良好的可扩展性。WebGIS很容易跟Web中的其他信息服务进行无缝集成，可以建立灵活多变的GIS应用。④跨平台特性。在WebGIS以前，尽管一些厂商为不同的操作系统分别提供了相应的GIS软件版本，但是没有一个GIS软件真正具有跨平台的特性。而基于Java的WebGIS可以做到"一次编成，到处运行"，把跨平台的特点发挥得淋漓尽致。

WebGIS是利用Internet技术来扩展和完善GIS的一项新技术，其核心是在GIS中嵌入HTTP标准的应用体系，实现Internet环境下的空间信息管理和发布。WebGIS可采用多主机、多数据库进行分布式部署，通过Internet/intranet实现互联，是一种浏览器/服务器（B/S）结构，服务器向客户端提供信息和服务，浏览器（客户端）具有获得各种空间信息和应用的功能。WebGIS系统从实现模式上主要分为两类：服务器端策略和客户端策略[15]。

1.服务器端策略

（1）CGI CGI是通用网关接口（Common Gateway Interface）的英文缩写，它建立了Internet服务器与应用程序之间的接口。基于CGI的WebGIS是按照如下方式实现WWW交互的：用户发送一个请求到服务器上，服务器通过CGI把该请求转发给后端运行的GIS应用程序中，由应用程序生成结果交还给服务器，服务器再把结果传递到用户端显示。它允许网页用户通过网页的命令来启动一个存在于网页服务器主机的程序（称为CGI程序），并且接收这个程序的输出结果。当用户发送一个请求到Web服务器，Web服务器通过CGI把该请求转发给后端运行的GIS服务程序，由GIS服务程序生成结果交给Web服务器，Web服务器再把结果传递到用户端显示。这种方式的缺点是服务器每次请求都要重新启动GIS应用程序，降低了系统响应速度。

（2）Sever API　Sever API又称为服务器应用程序接口，它是为克服CGI方式的效率低下而开发出来的扩充的CGI工具。比如Microsoft的ISAPI和Netscape的NSAPI。不过由于Server API没有统一的标准，所以一旦采用了某种Server API，那么服务器端将依赖于这种服务器程序，如Microsoft的ISAPI依附于IIS，且不能脱离Windows平台。因为Server API不像CGI可以单独运行，它运行于Web服务器的进程中，一旦启动，会一直处于运行状态，服务器请求后端GIS应用程序时不用每次都重新启动该程序，因此运行效率远高于CGI程序。

（3）服务器Java小程序（Servlet）　Servlet是运行在Web服务器中的Java小程序，相对于CGI的每次运行每次装载的低效率机制，Servlet具有的Init方法可以驻留内存，因此具有较好的性能。一般Servlet运行需要相应Servlet引擎支持，Servlet引擎可以作为Web服务器扩展，Servlet引擎是Web服务器和JavaVM之间的桥梁，Servlet必须运行在Web服务器中，受到Web服务器的诸多限制，因此，单纯使用Servlet实现Internet GIS具有很大的困难。

2.客户端策略

进行WebGIS设计的另外一个重要选择是，在客户端使用矢量地图或者栅格地图。如果使用矢量图形，一般需要在客户端事先安装插件（plug-in），或者运行时自动下载Java Applet抑或ActiveX控件；在客户端使用栅格图像则不需要任何额外程序。不过，正因为在客户端使用了插件、Java Applet或者ActiveX控件，采用矢量图形方式可以在本地执行许多操作，比如：地图放大缩小、漫游、就地选择并高亮显示，在一定程度上减少了服务器端的负载和网络上的数据传输量；采用栅格图像方式，在客户端只能读得鼠标的x，y坐标，进行地图缩放、平移和选择等操作都要传递x，y坐标到服务器端处理，生成新的栅格图传递到客户端显示，增加了服务器和网络传输的负担。

（1）浏览器插件plug-in　通过在浏览器方安装插件，可以改善软件运行交互性，并可以完成一些复杂的操作，但与传统的应用软件类似，插件软件也需要先安装再使用，也就是说若想进行地图浏览和交互，最终用户必须下载GIS插件，因而传统软件中不同版本之间的兼容性及版本管理问题仍然存在。如果采用这种方式，对于不同的浏览器需要开发不同的插件，难以实现跨平台运行，而且下载插件需要花费较长的时间，因此对于不以地图访问为主的用户来说不太友好。所以这种方式一般用于局域网中，针对专业操作用户。浏览器插件方式一般将数据下载到客户机上显示，对于客户机的要求稍高。这种方式不适合处理海量数据和影像，主要用于小型的CAD图形的共享。

（2）ActiveX　ActiveX是微软设计的主要用于互联网的轻量级控件，与浏览器插件基本类似。同浏览器插件相比，ActiveX GIS控件可以自动下载、自动注册、自动升级。ActiveX的接口遵循相同的标准，如果ActiveX GIS组件的体积较大，第一次下载和软件升级的时候，用户需要较长的时间等待，而且目前不能在Unix，Linux等系统下运行。

（3）Java Applet　目前流行的程序语言Java具有较强的网络处理能力，Java语言经过多年的发展，在企业计算环境中建立了完善的解决方案和成熟的应用服务器框架。Java可以用于开发嵌入在浏览器内的客户端，即Java Applet，Java Applet其跨平台运行特性一度得到大多数浏览器的支持，但是，浏览器支持的Java版本各有不同，开发Applet的时候需要考虑版本的支持问题，浏览器不会自动下载其需要的Java运行环境（JRE），用户的浏览器可能不支持GIS Applet，造成WebGIS的客户端不能正常使用，出现异常。由于程序是在客户端执行的，因而避免了客户端程序和服务器之间不必要的信息流量，提高了整个网络的运行效率，但其主要缺点是速度较慢、图形表现能力不尽如人意。

（4）纯HTML/JavaSricpt客户端　在Internet部署的应用程序不能强制它的访问用户安装独立运行软件或者浏览器插件，通用浏览器支持HTML和JavaSricpt，使用纯HTML具有的最大好处是实现了真正的跨平台运行。JavaSricpt功能强大，在安全限制的保证下，JavaSricpt可以使用浏览器提供的强大的客户端功能，响应用户的操作，实现GIS交互的操作。在新一代Web应用程序开发工具的支持下，纯HTML/JavaSricpt的客户端明显具有开发和部署的优势。纯HTML/JavaScript的缺点是交互性较差，浏览器对其限制比较多，难以完成一些复杂的客户端操作。HTML和JavaScript并不支持交互式的绘图操作，实现复杂的交互操作时难度较大，一般不在客户端实现复杂图形操作，通常情况下专业GIS厂商将脚本进行不同层次的功能封装，以满足应用系统的开发需求。与这种客户端相适应的体系结构一般采用只传输地图处理结果的方式，对于复杂的地图和海量影像数据浏览非常适合。

第二节　橡胶树精准施肥

一、精准施肥技术

精准农业起源于20世纪80年代中期，该时期微型计算机技术、3S技术等的快速发展，使得农田空间信息的获取、处理和利用成为可能，逐渐形成了这种新的农业技术。精准农业最初称为"根据土壤类型管理（farming by soil types）"，主要是基于地块内土壤养分的变异进行农业管理，后来又称为"精确点位管理（site-specific management）"，现在统称为"精准农业（precision agriculture）"[16]。精准农业是将3S技术、计算机技术、自动化技术、通讯和网络技术结合农学、地学、生态学规律和模型，根据田间变异对农业生长过程实施机械精确定位、定量操作的一整套现代化农业集成技术，能使农业技术措施与农田变异精确匹配，精确控制农田每一斑块种子、化肥和农药的施用量。精准农业在提高作物产量的同时，充分保证农业资源科学的综合开发利用，减少和防止对环境和生态的污染和破坏，保持生态环境的良性循环，是实现可持续农业的重要途径[17]。其核心思想是获取农田小区作物产量和影响作物生长的环境因素（例如土壤结构、地形、植物营养、含水量、病虫草害等）实际存在的空间和时间差异性影响，分析影响小区产量差异的原因，采取技术上可行、经济上有效的调控措施，区别对待，按需实施定位调控[18]。目前精准农业主要包括精准施肥、精准耕作、精准播种、精准植保以及精准灌溉等。

精准施肥是精准农业技术中的核心内容。1840年，德国化学家李比希创立"植物矿物营养学说"和"矿质养分归还学说"，提出植物从土壤中带走的养分，需通过施肥的方式归还，最小养分律、报酬递减律、营养元素的同等重要与不可替代律等，这些经典的施肥理论在指导田间合理施肥的历史进程中发挥了重要作用，也是精准施肥决策的重要理论依据。精准施肥技术是根据土壤或植物养分等特性将一个地块划分成若干区域，然后根据每个区域的情况进行变量施肥，最大限度地发挥地块和肥料资源的作用，达到以合理的肥料投入量获取最高产量和最大经济效益、保护农业生态环境和自然资源的目的[19]。精准施肥技术涵盖从田间信息采集、信息处理与管理、信息分析，到田间施肥决策方案实施的整个种植管理过程。

早期的精准管理技术主要应用于适合大规模种植及机械化生产的耕地（农田），随着信息技术的发展以及应用领域的拓展，精准管理技术也逐渐应用于精准果园管理、精准林业管理以及精准牧场管理等。

（一）田间信息采集

田间信息获取方式有田间GNSS定位信息采集、智能农机系统作业采集和多平台遥感信息采集系统。GNSS和遥感是田间信息采集的重要手段。

GNSS为土壤类型、土壤肥力特性、水分、作物生长发育状况、病虫草害及农作物产量等田间信息采样和决策方案的田间实施提供准确的空间位置信息。例如美国FieldWorker公司的基于掌上电脑的信息采集软件FieldWorker能很好地满足精准农业农田信息采集的需要。美国Trimble公司的AgGPS160 Portable Computer能实现田间成图、各种作物及其生长环境属性信息记录、获取来自各种田间环境传感器的信息。智能农业机械在田间进行农作生产时通过GNSS获取的精确定位信息实施导航监控，同时能够实时获得农作物生长状态信息和与之相关的空间位置信息。

遥感能够以"无损测试"方式方便、及时、准确地获取反映较大面积内的"面状"地物性质与状态信息，它在实现大面积情况下作物长势与营养实时诊断中发挥着不可替代的作用。在大面积农作物宏观长势监测、农作物宏观估产、农情宏观预报、农业资源调查等方面，遥感已经发挥其应有的作用，而且研制出了可行的技术路线[20]，如东北玉米、华北小麦和南方水稻估产精度达到90%以上。高光谱遥感是遥感发展的一个重要趋势，它以其高光谱分辨率特性所携带的丰富光谱信息为遥感应用带来了强大的活力，通过分析高光谱植被指数与农作物特征的关系，选择表征农作物特征的特定波段和光谱参量可以较好地反演作物生物物理和生物化学信息。作物生物物理和生物化学信息是研究理解植被生态系统过程和生理机制的重要参数，是诊断植物营养状况的重要依据，国内外许多学者已经开始高光谱遥感在植被生物物理信息和生物化学信息提取方面的研究[21]。

（二）养分分区管理

早期的精准农业主要应用于适合大规模种植及机械化生产的耕地（农田），其养分分区的依据是土壤养分的综合分析。土壤养分空间变异规律的研究是实现精准施肥的基础，其主要目的是确定管理分区。国外已有大量的学者对土壤养分的空间变异性进行了研究，并将其运用于精准农业中指导施肥[22, 23]。通过定义管理分区来对土壤和农作物实施变量投入是精准农业的研究热点，是一个经济有效的手段。目前定义管理分区方法多样，主要有经验法、GIS软件提供的分类方法、统计学方法、K均值聚类算法、模糊C均值聚类算法、加权模糊聚类算法、粒子群优化算法以及改进的蚁群聚类算法[24]。许多学者利用GNSS、GIS等相关技术来研究土壤养分空间分布与管理，并利用聚类、决策树等数据挖掘方法分析土壤变异规律，并取得了一定的成果。白由路等在GIS支持下，建立了区域土壤养分分区管理模型。该模型以土壤空间变异为基础，地统计学为手段，土壤分块管理为目的，考虑了土壤的空间变异和我国农村分散经营的实际，可为土壤养分管理提供合理的施肥量，也可为区域养分管理提供宏观决策[25]。杨敏华等先根据单一土壤养分元素的空间分布特征构建空间变异指数模型，再按要素权重和农机作业尺幅多要素叠加，获取最佳农艺作业单元，并计算了该方法的良好率在90%以上[26]。

对于果树、橡胶树等多年生木本植物而言，常常会出现土壤养分与植物生长状况不一致的现象。因为植株营养缺乏除与土壤营养元素含量不足外，还与植株根系受自身和外界环境的影响有关。由于多年生木本植物，根系庞大，树体贮藏营养物质多，营养元素敏感等，土壤养分的测试结果往往仅作为参考值。一般情况下植物肥料吸收状态与缺素症首先在叶片上呈现，故叶片分析法成为木本植物营养诊断的主要方法。这些长期作物的养分分区一般要综合考虑地形、土壤类型、品种、树龄、生长状况、管理措施等因素。华元刚等认为桉树林土壤类型、品种以及各生长阶段对养分的需求量、比例及对各种肥料的施用效应都是不一致的，因此有必要对桉树林的施肥单元进行合理划分[27]。徐卫清等以海南省国营阳江农场为例，运用ArcGIS对橡胶园土壤类型图、林段分布图等专题地图进行处理。以土壤类型和按定植年度合并的林段为依据，通过叠加分析，取其交集并以树位作为表达单元，得到全场243个采样单元，为国营农场橡胶园施肥工作的更加精准化提供了参考[28]。

（三）精准施肥模型

根据作物营养需求、生长环境和营养诊断的结果，计算出作物的肥料需求数量及其在作物生育期中的分配，即为施肥模型。在农作物推荐施肥研究和实践中，有多达60余种施肥模型。分属测土施肥法、肥料效应函数法和营养诊断法三大系统[29]。我国科研工作者将国内外施肥模型或方法概括总结为三类六法：第一类是地力分区法；第二类是目标产量法，包括养分平衡法和地力差减法；第三类是田间试验法，包括肥料效应函数法、养分丰缺指标法、氮磷钾比例法。它们各有优点和技术特点，故所起作用有别，同时也显示出各自的不足，所以，实际应用中常是以一种方法为主，配合其他方法使用。目前在生产实践中应用较多的有三大类。

1.养分丰缺指标法

养分丰缺指标法是指利用土壤速效养分含量与植物产量之间的相关性，针对具体植物种类，在各种不同速效养分含量的土壤上进行田间试验；依据植物产量将土壤速效养分含量划分为若干丰缺等级，并确定各丰缺等级的适宜施肥量；建立丰缺等级与适宜施肥量检索表；然后只要取得土壤速效养分含量测定值，就可对照检索表确定适宜施肥量。这种方法简单明了，便于操作，在等级划分时，可能将许多因素，如土壤培肥、环境影响等考虑在内[30]。

2.肥料效应函数模型

肥料效应函数模型是根据1909年Mitscherlich提出的作物产量与土壤养分供应量之间的关系发展而来[31]。以后人们对此进行了大量的研究，形成Mitscherlich-Bray方程[32]。它是指设计一元肥料的施肥量或二元、多元肥料的施肥量及其配比方案进行田间试验，利用试验结果的产量数据与相应的施肥量建立肥料效应函数方程，然后依据此方程计算出各种肥料的最高施肥量、最佳施肥量和最大利润率施肥量。二元、多元肥料试验还可计算出肥料间的最佳配比组合。由于这种方法有明确的施肥量与作物产量的关系曲线，克服了养分分级模型中"等级内差异缩小化、等级间差异扩大化"的弊端，是一种较为准确的施肥模型，这种方法目前还在世界各地大量应用。中国从2005年开始的测土配方施肥行动中所规定的3414试验，就是依据肥料效应函数模型提出的[33]。据此在全国范围内的不同作物上都进行了大量的肥料效应函数模型研究。

3.养分平衡模型

养分平衡模型是基于作物吸收与土壤养分供给和施用养分平衡的施肥量计算方法。这个方法源于Truog 1960年第七次国际土壤学会上做的"测土工作五十年"报告。该方法目前被称为"目标产量法"。1967年印度学者Ramamoorthy著文推广应用该方法，也称Turog-Ramamoorthy法。1973年，美国学者Stanford提出了氮肥需用量公式[34]，也就是目前应用最广泛的作物目标产量法计算公式[35]。

现有的施肥模型与当前生产实践相互矛盾之处非常多，积累的大量数据难以指导生产实践。在施肥实践中，仍然有大量的复杂性和不确定性问题存在，因此农业领域专家的经验必不可少，如何把人类专家经验和施肥模型有机地结合起来至关重要，精准施肥专家的研制可以较好地解决这个问题[36]。测土施肥法主要对农户提出施肥量建议的微观指导功能，肥料效应函数法主要起到区域间肥料合理分配的宏观调控功能，二者相辅相成配方施肥的主要方法；农作物营养诊断则是在定肥定量基础上作为合理施用肥料的（辅助）手段；从现阶段情况看，肥料效应函数法和测土施肥法有相互渗透的趋势，以求各自能统一担负起配方施肥的宏观调控和微观指导的双重任务；测土与营养诊断双向监测可使配方施肥更为精确[37]。近年来，随着精准农业的发展，人们需要快速确定作物的施肥量，一些养分传感器技术应运而生。通过传感器对叶片中养分测定，直接计算出施肥量。这种方法的代表是法国学者Beaufil和南非学者sumner共同提出的DRIS法[38]。该方法主要是利用植物叶片中营养元素的含量及其比值进行营养诊断，最终确定施肥量的方法，适合于土壤养分测试较困难的果树或林木的营养诊断及施肥。

（四）精准施肥应用系统

随着对精准农业的深入研究和自动控制技术的发展，精准施肥技术研究已取得一定的成果。目前精准施肥应用系统设计架构主要有两种形式，一种是以实时传感器为基础的变量投入控制技术，系统以传感器实时监测到的土壤养分或农作物信息为基础，经过在线定量决策后，实时控制并调节肥料的投入量。目前该方法应用尚不成熟，多处于设计构想阶段。另一种是以变量施肥处方图为基础的变量投入控制技术，该方法根据预先采集的各种相关信息，经过智能决策系统进行目标施肥量推理，生成施肥处方图，当施肥机械进行田间作业时，根据位置信息，按电子处方图的施肥量数据进行变量控制。此方式可以更加方便和有效地进行数据预处理和分析，并综合多种信息进行变量决策，而生成精确合理的电子处方图是此方式的先决条件，是目前精准施肥研究的主要方式。

精准施肥应用系统涵盖从田间信息采集、信息处理与管理、信息分析，到田间施肥决策方案实施的整个种植管理过程。在精准施肥应用系统中，其核心是3S技术，这主要是因为精准施肥的实施对空间信息的依赖性。其中GNSS和RS主要支持田间信息的快速采集，而通过GIS平台，可以在融合多源数据的基础上建立农田管理系统，实现对多源、多时相农田信息的有序管理和决策分析。施肥决策分析是整个精准施肥应用系统的核心部分，利用已有的信息，根据不同应用目的，集成相应的知识和模型，分析生成供决策服务的知识，这是地理信息技术在精准农业应用中的首要目的。决策分析是一个知识挖掘的过程，其关键是GIS与施肥专家系统、模型库系统集成，其集成程度决定分析效率和分析结果的可靠性。

欧美发达国家对精准施肥的研究相对起步较早，相关的技术体系已初步形成，其精准施肥技术从精准施肥装备到精准施肥控制系统都相对完善，已经存在一些用于生产的精准施肥应用系统。美国Trimble公司的AgGPS160 FieldManager田间管理计算机提供了目前较为先进的田间信息管理方案，可以实现整套的田间机械定位、导航、作业记录并按照生成处方图进行变量控制等功能。ESRI公司的SHP地图格式为其采用的软件接口标准，采用RS-232串口通信协议作为其与外界通信的硬件接口，较为通用的接口标准有利于应用AgGPS FieldManager进行现有施肥作业机械的改造。JOHN DEERE公司的"绿色之星"（Green Star）系统采用AgGPS132接收机接收GPS信号，车载计算机可以按照处方图的播种量和施肥量通过控制器控制变量执行机构进行变量播种施肥，安装于机械各部分的传感器和仪器的反馈信号用于监测和显示作业机械的工作状态，这是一种比较具有代表性的变量施肥系统。美国CASE公司设计出一套精准农业机械装备及配套的精准农业地理信息系统——AFS系统，在其生产的ST820型空气输送式变量施肥播种机上，可以将事先由AFS软件生成的处方图存入变量控制器的存储卡中，控制变量施肥作业；同时其生产的2340型空气输送种肥车，可以通过控制电控液压马达的转速实现变量施肥控制。

在20世纪90年代后期，中国开始关注并适当引入精准农业。在精准施肥技术研究方面，随着国家对精确农业的重视和支持，国内在引进、消化、吸收国外研究成果的基础上，研究和探讨适合中国国情的精准施肥技术体系，精准农业的思想已为科技界和社会广为接受，并在实践上开展了应用。目前，我国精准施肥技术的主要应用是，使用GNSS定位进行土壤取样化验，利用GIS产生氮、磷、钾、pH值、有机质层图层，并利用农业专家系统和地理信息系统产生变量施肥处方图，控制变量施肥播种机进行变量施肥播种。张书慧等[39]开发了专门用于实施精确农业变量施肥作业的田间地理信息系统，系统包括土壤养分、作物历年产量、肥料使用情况等数据库，具有输入、输出、更新、查询和统计功能，可根据不同田块诸多影响因素，运用养分平衡施肥方法给出施肥决策。赵月玲等[40]针对吉林省现有生产状况，利用农业专业知识、计算机和网络技术开发一套行之有效的玉米精准施肥专家系统。在系统的开发过程中，根据需要设计出推荐施肥、营养诊断、空间查询、知识导航、精准管理和系统管理6个功能模块。孟志军、赵春江等[41]人设计了一种基于处方图的变量施肥作业系统，该系统通过控制液压马达的转速达到改变施肥量的目的，系统施肥处方图的显示和存储由机载作业终端完成。

二、橡胶树精准施肥

（一）橡胶树的营养

橡胶树体内所含的营养元素有碳、氢、氧、氮、磷、钾、镁、钙、铁、锰、铜、锌、钼、硼[42]等，其中碳、氢、氧属于光合作用范畴，这里不作叙述。以下仅就主要营养元素和一些微量元素的生理功能及其对橡胶树生长、产胶的作用作些叙述。

1.主要营养元素

（1）氮 氮是蛋白质的组分，而蛋白质是生命的主要载体。氮又是叶绿素的组分，没有叶绿素就不能进行光合作用，不能形成糖。氮还是酶的组分，酶能促进橡胶树体内新陈代谢的各种化学变化。橡胶树主要吸收铵态氮（NH^{+}_4-N）和硝态氮（NO^{-3}-N）。橡胶树从土壤中吸收的氮由木质部输送到它的地上部分。被吸收的铵态氮几乎全部在根部被同化，形成氨基酸。硝态氮进入根部后，在根部即被还原成铵态氮，形成氨基酸，少量的硝态氮运动到茎和叶后再还原。

橡胶树的氮素营养状况正常时，表现为抽叶多，叶片浓绿而较厚，光合作用强，制造的糖分多，橡胶树生长快，茎干粗大，树皮红润丰嫩，乳管列数多，产胶能力强等等。如果氮素供应过量时，橡胶树生长过于旺盛，抽叶量太多，树冠大，茎干脆弱，易受风害和病害，胶乳含氮量高，胶乳总固形物减少，干胶含量降低，如同时钾素供应不足，则胶乳稳定性差。

如果氮素供应不足时，橡胶树叶片薄而小，叶蓬距短，叶蓬数少，枝条细小，树冠小，茎干生长缓慢，叶色褪绿变成黄绿、黄色，最后变成黄红色，即叶片发生黄化现象，光合作用弱，树皮发育受到明显抑制，树皮变薄，石细胞增多，乳管列数少，产量不高。橡胶树最明显的缺氮症状就是叶片褪绿变黄，颜色均匀一致，首先在较老和树冠下部的叶片上出现，以后逐渐发展到树冠上部。

橡胶树各器官或组织的含氮量是不一致的。据测定，橡胶树不同部位的正常含氮量为：稳定的叶片3.4%，绿色嫩枝0.93%，褐色枝条0.45%，茎干0.45%，根0.62%，胶乳2.9%，其中以叶片中含氮量最高。不同的发育时期，氮含量也有变化。就叶片而言，在展叶期（古铜色时期）含氮量可高达5.89%，稳定期3.4%，而在凋落前仅为1.32%[42]。

（2）磷　磷是核酸、磷脂、三磷酸腺苷（ATP）、核蛋白等的组分。磷参与橡胶树体内许多重要的代谢活动。如光合作用、呼吸作用、代谢物质的运输和转运过程等；橡胶的合成也必须有磷的参与才能完成。总之，凡是橡胶树生命活动强烈的部位，例如种子、根尖、顶芽等，磷素含量则相对多些。磷素虽然参与橡胶树的重要生长发育过程，但它并不是构成代谢最后产物的组成部分。例如，磷在形成橡胶的过程中起重要作用，但橡胶——聚异戊二烯中并不含磷。

磷一般能提高橡胶树的抗旱性和耐寒力，因为磷能提高细胞结构保持束缚水的能力，以及增强细胞内原生质的粘滞性和弹性，从而增强原生质对局部脱水与低温的抵抗性能。

橡胶树吸收磷酸盐受土壤酸度的控制。当土壤pH值4时，橡胶树吸收磷酸盐的速度比pH值8.7时高10倍。磷酸盐被橡胶树吸收后，在很短时间内形成有机化合物，这些磷素首先被送到顶芽、根尖、嫩叶中。橡胶树在生长发育的不同阶段，对磷的要求也不一样，在幼树时期，橡胶树主要是增加生长量，故磷素营养特别重要。橡胶树开割后，生长较缓慢，同时每年抽叶、落叶，开花结果等已经基本形成一个养分循环系统，磷素需要量的增加相对减少。胶乳中磷含量与胶乳的机械稳定性呈极显著相关，胶乳中镁／磷比值增大，胶乳稳定性就降低。

橡胶树缺磷时，叶片上不容易立即表现出缺磷症状。但生长受到抑制，形成层活动受阻，茎围增长和再生皮恢复缓慢，顶芽活动减退，代谢功能减弱，开花结果减少。橡胶树缺磷较多时，叶片正面变黄，背面出现紫色、青铜色，此症状先出现在茎干中部和上部的叶片上。

橡胶树不同部位的正常含磷量为：稳定叶片中0.22%，绿色嫩枝中0.11%，褐色枝条中0.05%，树干中0.05%，根中0.09%，胶乳中0.044%。橡胶树叶片在不同阶段的含磷量也不相同，展叶期0.42%，稳定期0.224%，凋落前0.042%[42]。

（3）钾　钾在植物体内以离子状态存在，不是任何有机物的组成部分。钾在植物中的生理作用尚不完全清楚，但一般说来在橡胶树中有如下作用：钾能促进橡胶树叶片气孔张开，提高对二氧化碳的同化率加速同化产物的运输转移，从而加强光合作用的进行。钾作为丙酮酸激酶、果糖激酶和淀粉合成酶的活化剂，参与呼吸作用，推动糖的转化和运输。钾充足时，橡胶树的机械组织及输导组织发达，木栓化程度高，因而能提高橡胶树的抗旱、抗寒能力。钾素充足还能增加胶乳中的含钾量，提高胶乳的稳定性，有利于排胶。钾与钙、镁之间有拮抗作用，胶乳中钾镁比值过低时，胶乳机械稳定性下降，胶乳可在割口早凝，产生排胶障碍。在刺激割胶时，由于排胶量大，应及时补充钾素，否则会影响刺激效果。

橡胶树不同部位的正常含钾量为：稳定叶片中0.9%～1.1%，绿色嫩枝中0.63%，褐色枝条中0.27%，茎干中0.25%，根中0.31%，胶乳中0.35%～0.6%。叶片在展叶期为1.79%，稳定期为1.16%，凋落前为0.42%[42]。橡胶树缺钾的症状在叶片上为褪绿变黄。但与缺氮的黄色不同。它的褪绿变黄在整个叶片不一致。初期，叶片边缘颜色变浅，叶尖枯黄，进而成青鲜黄色、橙色，并出现枯斑。枯斑连接就呈现"烧焦"现象，这种缺乏症状常在树冠下部曝光枝条上发生，也在树顶完全曝光的叶片上出现。

（4）镁　镁是叶绿素的组成部分，它与橡胶树的光合作用关系密切，对橡胶树的生长及产胶都有较大影响。镁参与磷脂的代谢、酶的活动和核蛋白质的形成。镁在橡胶树中大部分以游离状态存在，通常橡胶树吸收镁的数量低于钙和钾。当钾等阳离子量高时，橡胶树对镁的吸收收到抑制，常引起橡胶树缺镁。镁与氮也存在拮抗作用。镁与钙、钾一起作为平衡离子维持着原生质胶体的正常生理活动。胶乳中镁含量过高时使胶乳机械稳定性下降。

橡胶树各部分的正常含镁量是：稳定叶片中0.35%～0.45%，绿色嫩枝中0.12%，褐色枝条中0.09%，茎干中0.12%，根中0.15%，胶乳中0.28%[42]。橡胶树缺镁症状表现在叶片的叶肉部分变黄，而叶脉及叶脉附近仍保持绿色，成为腓骨状绿色。未分枝的橡胶树，缺镁症状出现在较老的下部叶片上；成龄橡胶树则在树冠顶部曝光的叶片上。

（5）钙　钙素养分在橡胶树体内含量仅次于氮、磷、钾，比镁含量还高。钙是细胞壁中胶层的组成成分，明显影响着细胞壁的弹性。钙对细胞膜结构的稳定性和对细胞核、染色体的正常状态也具有重要作用，因此缺钙常引起细胞分裂混乱，细胞膜有缺陷或断裂。钙对橡胶树根系发育也很重要，缺钙时，根尖分生组织坏死，根系发育不良。

橡胶树各部分的正常含钙量是：老化叶片中0.6%～1.0%，绿色嫩枝中0.93%，褐色枝条中0.74%，茎干中0.74%，根中0.35%，胶乳中0.50%[42]。但橡胶树为喜酸作物，吸收钙的能力很强，即使盐基饱和度很低的土壤，橡胶树也有很大的吸收钙的能力，以满足自身对钙的需要。

2.微量元素

微量元素是指铁、锰、铜、锌、钼、硼等。这些元素虽然在植物体内含量很少，但是对植物的正常生长是不可缺的。从生理角度来看，这些元素在多数情况下是酶的组成部分，参与酶系统的活动过程，例如锰在植物体内参与一系列氧化还原反应，锰与铁控制着植物体内的氧化还原电位，锰多时氧化电位高，铁的有效性下降。当铁多时，锰被氧化失活。有许多含铁的酶起着电子传递作用，因而影响光合作用、呼吸作用。含锌的酶也影响这些基本生理作用。铜是多酚氧化酶、抗坏血酸氧化酶的成分，参与植物的呼吸作用，铜与氮代谢关系密切，铜不足，游离氨基酸积累。氮素过多，加剧铜的不足。钼是硝酸还原酶和固氮酶的成分，对作物的氮代谢关系重大。钼对胶乳中酸性磷酸酶有抑制作用。涂施钼酸铵可提高胶乳稳定性，防止乳管功能衰退。

橡胶树缺锰时，叶片的叶肉呈淡绿色，严重时成白色，中脉和侧脉呈现出两条暗绿色条纹，条纹中间则现黄色。这种现象在橡胶树茎干中部叶片上先发生，严重时扩展到上部较嫩的叶片。分枝树的缺锰症状在树冠荫蔽叶上发生，但横脉间颜色较淡，看似斑马的花纹。橡胶树缺锌时，叶片的叶脉间失绿，呈淡绿色、黄色到白色，同时叶片明显地变成窄而长，比正常叶片长1~2倍，叶缘呈波浪形，叶片厚硬，主脉变粗变硬。橡胶树缺铁时，叶片黄化，色调较淡呈柠檬黄色，比较均匀，多出现在刚展开的新叶上。缺硼时，叶片缩小变形，但仍可保持绿色。胶苗缺铜时，上部叶蓬的叶尖和叶缘焦枯，顶芽受抑制。缺钼时，橡胶树叶片也呈现黄化现象[42, 43]。

（二）营养诊断指导施肥

目前，橡胶树的施肥普遍采用营养诊断指导施肥。橡胶树营养诊断指导施肥，是将橡胶树的矿质营养原理运用于施肥措施上，它能使橡胶树的施肥更为合理化、科学化和标准化。营养诊断是指以植物形态、生理、生化等指标作为根据，判断植物的营养状况。运用营养诊断及早发现它所亏缺的元素，及时施用肥料，就能保证橡胶树的快速生长，增加产量和提高品质。橡胶树叶片不但采样容易，对植株生长影响小，且在特定时期比较稳定，有较高的代表性，因此橡胶树营养诊断采用叶片营养诊断法。根据叶片中营养元素含量的多少及养分间的比值，衡量橡胶树的营养状况。

橡胶树营养诊断指导施肥的技术要点如下：

1.合理划分诊断单位

诊断单位系指采集样品所代表范围。诊断单位是根据土壤类型、橡胶树类型（品种、树龄）、割胶制度和施肥管理等划分的，在一个诊断单位内，要求土壤类型、坡向、植胶品种、定植年限、割胶制度、施肥管理等条件基本一致。一般以生产队为单位，把相邻的相同类型的林段、山头、树位划成一个诊断单位，诊断单位面积大小控制在$6.67 \sim 13.3 hm^2$。

2.橡胶树叶片的采集

（1）采样时间　7—9月；一天之中，应在8—11时采集叶片样品，不要在雨天采样。

（2）采样树的选择　在每一个诊断单位内，选取25株橡胶树采样，这些采样树应均匀地分布在整个诊断单位，不要集中在局部地段，要随机取样，使采集的样品能真正代表该诊断单位橡胶树真实的营养状况。死皮停割树、风断树、病害树等不正常的橡胶树不能选作采样树。采样路线可按地形而定，平地或坡度小的林段，采用棋盘式或蛇形式选定样株采样；坡度大的林段，在坡上、坡中、坡下的植行中选定样株采样。

（3）采样部位　开割橡胶树采集树冠中下层主侧枝上的顶蓬叶，注意采集的叶蓬必须稳定、老化。每蓬叶只取基部2片复叶，去掉两旁的小叶，保留中间一片小叶作为分析样本。

（4）叶片样品的采集数量　在每一个诊断单位内，均匀随机地选取有代表性25株橡胶树。每株橡胶树在东、西或南、北两个方向各采集一个稳定叶，即每株树采2个稳定叶蓬，每个叶蓬在基部取2片复叶，并去掉两旁的小叶，保留叶柄和中间一片小叶。一个诊断单位采集100片小叶，混合成一个叶片样品。

（5）叶片样品的处理　每个诊断单位的叶片样品采集完毕后，立即用铅笔填写好标签，注明采样地点、橡胶树品种，采样时间及采样人姓名等，并把标签用胶圈或线与叶柄一起绑好，挂在通风干燥的地方晾干，注意防止样品发霉腐烂和变质，然后将样品送到具备土壤和植物样品养分含量测试能力的检测机构进行分析。

3.橡胶树的营养诊断

我国当前主要品种橡胶树叶片营养诊断指标如表1-1和表1-2所示，广东及其他区域的橡胶树叶片营养诊断指标可参照海南省的橡胶树叶片营养诊断指标[44]。

表1-1　海南省主要品种橡胶树叶片营养诊断指标

养分种类	叶片养分含量（%）			元素间比值（正常值）
	极缺	正常值	很丰富	
氮（N）	<2.9	3.2～3.4	>3.8	氮/磷14.8～15.2
磷（P）	<0.18	0.21～0.23	>0.27	氮/钾3.1～3.6
钾（K）	<0.7	0.9～1.1	>1.5	钾/磷4.3～4.7
钙（Ca）	<0.4	0.6～1.0	>1.3	钾/钙1.0～1.5
镁（Mg）	<0.27	0.35～0.45	>0.6	镁/磷1.5～2.2 钾/镁2.4～2.6

表1-2　云南省主要品种橡胶树叶片营养诊断指标

养分种类	叶片养分含量（%）			元素间比值（正常值）
	极缺	正常值	很丰富	
氮（N）	<3.0	3.3 ~ 3.6	>3.8	氮/磷14.1 ~ 14.6
磷（P）	<0.20	0.23 ~ 0.25	>0.28	氮/钾2.8 ~ 3.3
钾（K）	<0.8	1.0 ~ 1.3	>1.5	钾/磷4.3 ~ 5.0
钙（Ca）	<0.4	0.6 ~ 1.0	>1.3	钾/钙1.3 ~ 1.7
镁（Mg）	<0.25	0.35 ~ 0.45	>0.6	镁/磷1.5 ~ 1.8

4.拟定施肥量

橡胶树经营养诊断后，对亏缺的养分应增施含有该种养分的肥料予以补充。各养分施肥量的计算依据橡胶树施肥决策模型计算。

（三）橡胶树精准施肥的关键技术

综合前述介绍，橡胶树精准施肥的关键技术包括如下三点：一是合理划分橡胶园的诊断单位，实现橡胶园养分分区管理；二是确定适宜橡胶树的施肥决策模型，实现施肥决策的合理；三是在橡胶园养分分区管理的基础上，结合橡胶树施肥决策模型，构建一个橡胶树施肥信息管理系统，实现橡胶树的精准施肥。

第二章　橡胶园养分分区管理

本章将以云南东风农场为例，介绍如何运用3S技术实现橡胶园养分分区管理。本书把橡胶树营养诊断的最小单元定义为诊断区。因此，橡胶园养分分区管理的主要内容为橡胶园诊断区的划定和橡胶园诊断区基础属性数据的整理。

第一节　橡胶园诊断区的划定

橡胶园诊断区的划定，需要农场各生产队技术人员配合才能完成，流程为：①农场基础地理数据的收集与整理，主要包括土地利用现状数据、高分辨率遥感影像数据等；②对农场各生产队进行基本情况调查，调查项目主要包括土壤类型、成土母质、开割胶园面积、植胶品种、割龄、施肥情况等；③针对农场各生产队技术人员举办相关培训，培训内容包括橡胶树营养诊断指导施肥技术、诊断区的划分、植胶土壤的分类、采样时间和采样方法等，统一采样方法和技术要求；④诊断区的初步划分。以生产队为单位，把相邻的相同类型的林段、山头、树位划成一个诊断区。确定诊断区的数量及各诊断区的大致范围；⑤对各诊断区进行橡胶树叶片和胶园土壤样品的GPS定位采集；⑥诊断区边界数字化。

一、基础地理数据的收集与整理

（一）土地利用现状数据

利用东风农场1：50 000纸质现状图，得到东风农场辖区的土地利用现状、农场居民点、道路、河流和行政边界等要素数字地图，首先将该纸质图进行扫描，扫描精度为真彩色600dpi，生成电子地图；然后利用纸质图上标示的经纬度信息，在ArcGIS平台下利用Georeference模块对该图进行地理校正，校正精度为1个像元。再以该图为底图，按点、线、面不同类型分别进行数字化，数字化要素包括东风农场居民点、水系（单线河和面状水系）、道路、东风农场辖区。

（二）高空间分辨率遥感影像数据

随着小型无人机航拍技术的发展，目前航拍影像的空间分辨率可达20cm，甚至更高。如40cm空间分辨率的航拍影像可清楚识别橡胶林、居民地、道路、水塘、林地、香蕉地、水田、河流等地物，且地物轮廓清晰，可直接用于目视解译，如图2-1。由于橡胶林一般呈环状和条带状种植，且一般以道路，河流、小山头、沟谷为诊断区边界，各诊断区技术负责人依据这些特征在室内即可准确确定诊断区边界，即省时又省力。因此最终选择利用高分辨率航拍影像来划定东风农场诊断区边界。

1.航拍范围确定

依据东风农场1：50 000现状图中东风农场的辖区范围（图2-2中绿色区域），确定航拍影像范围，经初步测算，此次所航拍面积为600km^2，位置和范围如下图中红色方框所示。

图2-1 东风农场航拍影像对应地物类型

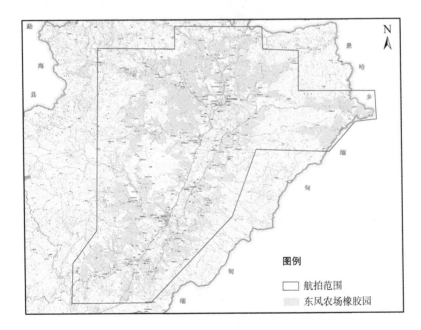

图2-2 东风农场航拍范围示意图

2.航拍分辨率和航拍时间

以能清楚识别不同地物、节省经费为原则，经过对比20、30、40、50、60cm的航拍影像，确定本次航拍影像分辨率为40cm（图2-3）。同时考虑到橡胶林在非落叶区具有较好的识别特征，以及航拍时的天气条件，航拍时间定在9—10月进行。

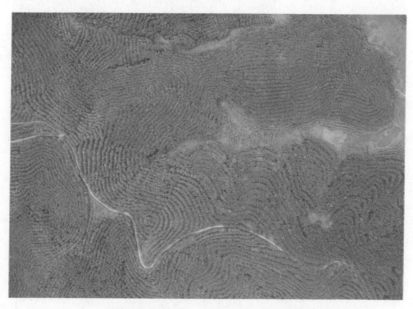

图2-3　东风农场航拍成片橡胶林（分辨率40cm）

3.航拍影像的获取

航拍前，首先对航拍路线和飞行架次进行设计，经过测算将研究区分为10个架次进行拍摄。2010年9月5—8日利用快眼Ⅱ型无人机飞行平台共分10个架次对研究区进行航拍。由于航拍影像原始数据为单幅JPG文件，为得到整个研究区最终航拍影像，需对航拍数据按照航拍影像处理流程进行处理，处理流程如下：

（1）原始航片处理　由于原始影像雾气遮盖，存在偏色现象，而且少量影像模糊，有阴影遮挡。所以在生成正射影像前的匀光匀色存在较大困难。在选择匀光匀色标准片时，选取比较符合测区实际情况且光线的颜色。标准片的地物信息尽量丰富，同一种地物过多会造成测区匀光匀色后的影像偏色。在选取好标准片后用Photoshop程序进行颜色和对比度的调整。

（2）像控数据分析　利用外业实测像控点，得到航摄影像纠正结果，满足项目1∶50 000精度要求。为最大程度提高空三加密精度，在选取控制点的过程中，采取了在测区范围边缘选取控制点，尽可能扩大控制点的控制范围；选取的控制点尽可能是清晰易判读的点位；尽量选取地面点以满足1∶50 000平面精度要求为最终目的。

（3）空三加密　利用已有地形图资料采集同名像点作为像控点进行加密，空三精度达到3个像素以内，符合1∶50 000精度要求。

（4）影像总图　完成空三加密后，对影像进行匀光、匀色、拼接生成航摄影像总图，影像接边误差完全控制在0.5mm以内，无拼接错位和漏洞，通过严格的色彩归化处理，最终影像图成果色彩均匀、反差适中、地物层次分明、纹理清晰、无明显失真和信息损失。

（5）影像图纠正　编辑完影像总图后，使用ERDAS软件在Google earth地图上采取同名像点进行纠正处理。经过纠正的影像图为WGS84坐标系成果，最终成果影像分辨率为0.40m。云南东风农场橡胶园最终航拍影像如图2-4所示。

通过叠加预设航拍范围与最终航拍影像图，由于研究区东部地处国境线军事禁飞区附近，除该区域局部边缘未完成拍摄外，其余大部地区均按预设航拍区超额完成拍摄。

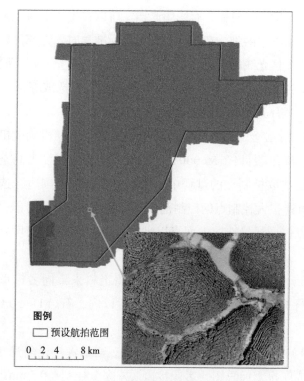

图2-4 航拍影像处理结果

二、橡胶园诊断区初步划分

诊断区根据土壤类型、橡胶树类型（品种、树龄）、割胶制度和施肥管理等划分的，在一个诊断单位内，要求土壤类型、坡向、植胶品种、定植年限、割胶制度、施肥管理等条件基本一致，面积大小控制在6.67 ~ 13.3hm²。一般以生产队为单位，把相邻的相同类型的林段、山头、树位划成一个诊断区。

通过对农场各生产队进行基本情况调查，以及针对农场各生产队技术人员举办相关培训，在各生产队技术人员的支持下，将东风农场初步划分为777个诊断区。

三、诊断区GPS定位点数据集建立

（一）诊断区GPS定位采样

采样时间：每年7—9月；应在天气晴朗的8—11时采集叶片样品。

橡胶叶片样品的采集：在每一个诊断区内，均匀随机地选取有代表性橡胶树25株。每株橡胶树在东西或南北两侧各采集树冠中下层主侧枝荫蔽处稳定叶蓬1个，即每株树采2个叶蓬，每个叶蓬在基部取2片复叶，并去掉两旁的小叶，保留叶柄和中间一片小叶。一个诊断区采集100片小叶，混合成一个叶片样品。样品采好后，立即填写好标签，注明样本编号、采样地点、橡胶树品种，采样日期及采样人姓名等，并把标签绑在样品上。

土壤样品的采集：把相邻的2~3个诊断区划为一个土壤采样区域，在每一个土壤采样区域的橡胶保护带上，均匀随机地选10个采样点，取表土层（0~20cm）土壤混合，用四分法从中取0.5kg作为土壤样品。立即填写好标签，注明样本编号、采样地点、土壤类型、采样时间及采样人姓名等，将标签装入土样袋中。

2009年7—9月携带便携式GPS-60csx对777个诊断区进行定位采样，为保证所测数据的准确性，定位采样前，对所使用的GPS进行统一设置，并利用景洪市气象站的经纬度和海拔高度对所有的GPS进行经纬度和海拔校正，GPS所设坐标系统均为WGS84。

定位采样时在诊断区相对中心点，利用数码相机记录采样点的环境状况，并在纸质记录表上记录经度、纬度、海拔、照片编号、诊断区、生产队、居民组、诊断单位、片区等基本信息。定位采样工作完成后，对采集信息进行电子化录入，生成东风农场诊断区GPS定位点信息表。

（二）建立诊断区GPS采样点GIS数据集

根据所记录各诊断区相对中心点经纬度信息，利用ArcGIS的添加X，Y数据功能，通过指定X坐标（经度）和Y坐标（纬度）所对应的字段，并定义坐标系统为WGS84（图2-5），生成诊断区GPS采样点空间数据集（图2-6）。

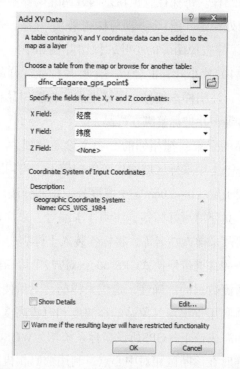

图2-5 利用ARCGIS的添加X，Y数据功能对话框

图2-6　东风农场诊断区GPS定位点空间分布图

该数据集包括经度、纬度、海拔、照片编号、诊断区、生产队、居民组、诊断单位和片区等信息。空间要素属性表结构如表2-1。

表2-1　东风农场诊断区GPS定位点空间属性表结构

字段名称	字段说明	类型	长度	备注
BW	北纬	float	8	
DJ	东经	float	8	
HB	海拔	float	8	
ZPBH	照片编号	nvarchar	20	
ZDQ	诊断区	nvarchar	20	

（续表）

字段名称	字段说明	类型	长度	备注
SCD	生产队	nvarchar	20	
JMZ	居民组	int	4	
ZDDWBH	诊断单位编号	int	4	
PQ	片区	nvarchar	20	

四、诊断区边界数字化

利用ArcGIS软件平台，在叠加了航拍影像，之前已数字化的居民点名称、道路、河流和诊断区GPS采样定位点等基础矢量数据的基础上，以及当地生产技术人员的支持下，利用航拍影像的河谷、道路、农田边界、房屋、林相差异等辅助信息，逐个生产队，逐个诊断区进行诊断区边界数字化（图2-7），最终的诊断区边界如图2-8所示。

图2-7　东风农场诊断区边界数字化界面

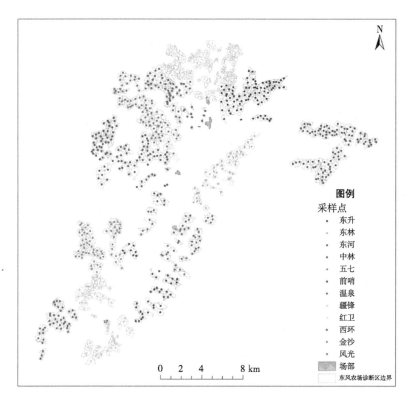

图2-8　东风农场诊断区边界数字化最终结果

第二节　橡胶园诊断区基础属性数据的整理

一、东风农场诊断区基础信息

东风农场诊断区基础信息主要包括每年固定不变的信息，例如品系、土层厚度、土壤类型、土壤质地、前作、株行距、定植时间、开割时间，同时，还有每年均在变化的例如产量、施肥、叶片营养和土壤营养等两类信息。

1.东风农场诊断区基础信息表整理汇总表（每年固定不变）

对东风农场提交的诊断区基础信息表进行整理汇总和表头处理，整理后的表格包括诊断区、生产队、片区、品系、土层厚度、土壤类型、土壤质地、植被覆盖度、前作、株行距、居民组、诊断单位编号、单元数、定植时间、开割时间等字段（图2-9）。

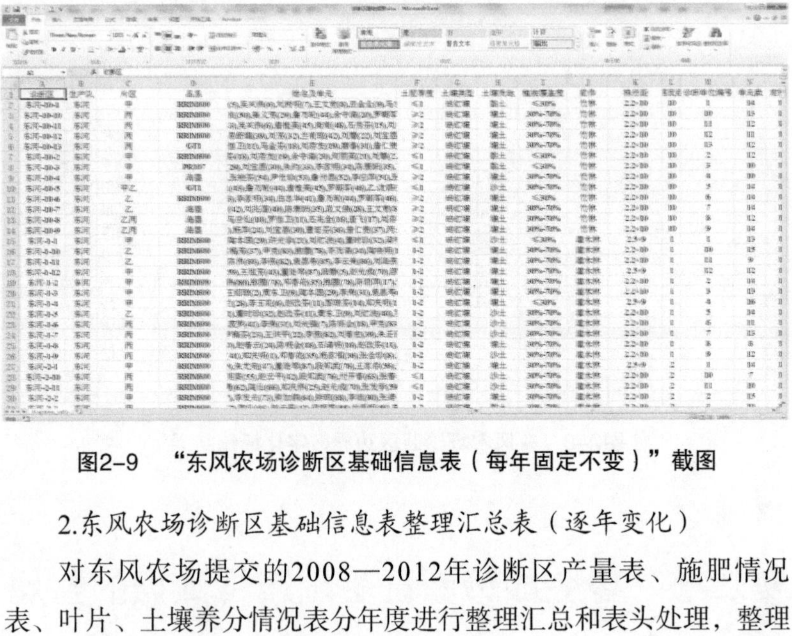

图2-9　"东风农场诊断区基础信息表（每年固定不变）"截图

2.东风农场诊断区基础信息表整理汇总表（逐年变化）

对东风农场提交的2008—2012年诊断区产量表、施肥情况表、叶片、土壤养分情况表分年度进行整理汇总和表头处理，整理后的表格包括开割面积（亩）、割株（株）、正常（株）、病残（株）、其他（株）、生产胶乳（kg）、生产干胶（kg）、乳干胶（kg）、杂干胶、单产（kg/667m^2）、株产（kg/株）、年平均干含（%）、年总割次（刀次）、树围（cm）、施肥种类，施肥量（kg/株），养分含量（%）、施肥方式、割制、叶片氮（g/kg）、叶片磷（g/kg）、叶片钾（g/kg）、叶片钙（g/kg）、叶片镁（g/kg）、土壤全氮（g/kg）、土壤有机质（g/kg）、土壤速效钾（mg/kg）、土壤速效磷（mg/kg）、土壤pH等字段（图2-10）。

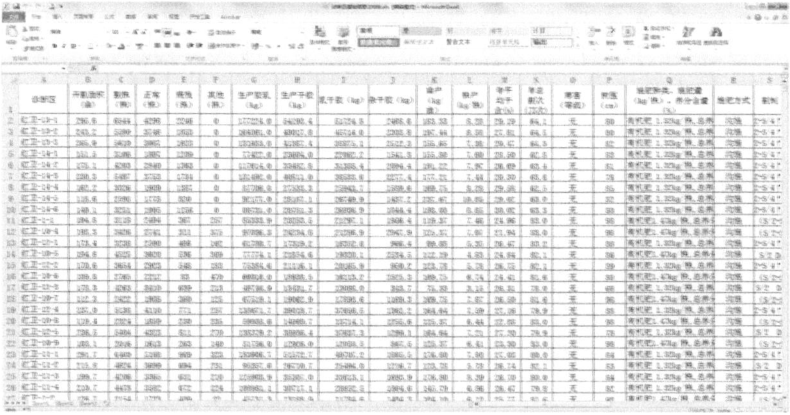

图2-10　"东风农场诊断区基础信息表（逐年变化）"截图

二、东风农场橡胶园养分空间分布

样品采集后进行实验室分析：叶片样品分析测定氮、磷、钾、钙和镁；土壤样品分析测定全氮、有机质、速效钾、速效磷和pH值，根据分析结果对胶园土壤和橡胶树的营养状况进行评价。

叶片养分的测定：采用硫酸—过氧化氢消化法制备样品，纳氏试剂比色法测定全氮，钼蓝比色法测定全磷，原子吸收仪—火焰发射法测定全钾，原子吸收仪—原子吸收法测定全钙、镁。

土壤养分的测定：凯氏定氮法测定全氮；硫酸—重铬酸钾法消化—硫酸亚铁滴定法测定有机质；盐酸—氟化铵浸提—钼蓝比色法测定速效磷；EDTA—氨盐法浸提—原子吸收仪—火焰发射法测定速效钾；酸度计法测定pH。

（一）橡胶树叶片养分空间分布

东风农场橡胶树叶片养分含量等级图（图2-11）是基于东风农场橡胶树叶片采样分析测定的养分含量结果，根据《橡胶树栽培技术规程实施细则》[45]中橡胶树叶片养分含量指标划分标准（表2-2）逐个进行重分类，然后结合东风农场诊断区边界得到[46]。

表2-2　橡胶树叶片营养水平划分标准

分级	养分元素（g/kg）				
	N	P	K	Ca	Mg
极缺	<30.0	<2.0	<8.0	<4.0	<2.5
缺	<33.0	<2.3	<10.0	<6.0	<3.5
正常	33.0～36.0	2.3～2.5	10.0～13.0	6.0～10.0	3.5～4.5
丰富	>36.0	>2.5	>13.0	>10.0	>4.5
极丰富	>38.0	>2.8	>15.0	>13.0	>6.0

（二）橡胶园土壤养分空间分布

结合东风农场诊断区边界，根据"适宜橡胶树正常生长的土壤养分含量"指标划分标准（表2-3）对东风农场土壤养分含量克里格估值图结果逐个进行重分类[47]，得到东风农场橡胶园土壤养分含量等级图（图2-12）。

表2-3　适宜橡胶树正常生长的土壤养分含量划分标准

分级	土壤养分				
	有机质（g/kg）	全氮（g/kg）	有效磷（mg/kg）	有效钾（mg/kg）	pH
缺	<20.0	<0.80	<5.0	<40	<4.5

（续表）

分级	土壤养分				
	有机质（g/kg）	全氮（g/kg）	有效磷（mg/kg）	有效钾（mg/kg）	pH
正常	20.0～25.0	0.80～1.40	5.0～8.0	40.0～60.0	4.5～5.5
丰富	>25.0	>1.40	>8.0	>60	>5.5

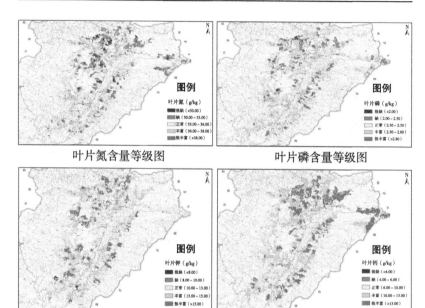

叶片氮含量等级图

叶片磷含量等级图

叶片钾含量等级图

叶片钙含量等级图

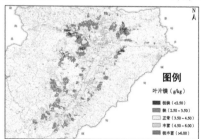

叶片镁含量等级图

图2-11　东风农场橡胶树叶片养分含量等级图

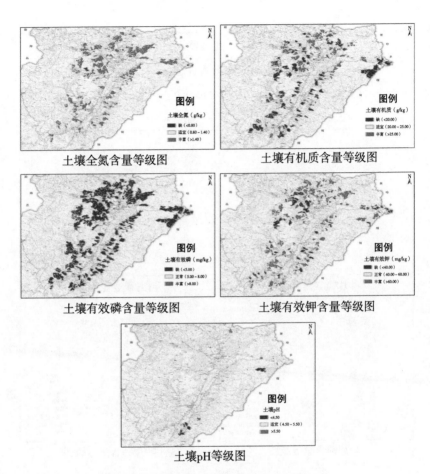

图2-12　东风农场橡胶园土壤养分含量等级图

第三章　橡胶树施肥决策模型

第一节　橡胶树施肥配方的研发

一、橡胶树施肥量的确定

橡胶树是长期作物，其施肥的依据是以叶片养分含量为主，土壤养分为辅。将橡胶树叶片样品的测定结果与营养诊断指标比较，可判断各诊断区橡胶树的营养状况。

（一）某一元素肥料施用量

根据橡胶树常规施肥量、胶园土壤肥力特性和胶树营养状况，经营养诊断后需增施的肥料量及养分拮抗关系等计算得到橡胶树某一元素肥料施用量。计算公式如下：

$$F_s = F_a + C + R$$

式中：F_s，某一元素肥料施用量（kg/株·年）；F_a，常规施肥量；R，养分不平衡时的调节；C为某一元素肥料的增施量（kg/株·年）

$$C = \frac{（临界指标-分析值）\times 单株年抽叶量\times 2}{肥料该养分含量\times 胶树对该肥料的吸收利用率}，其中，云南$$

单株橡胶树年抽叶量以8kg计，肥料吸收率氮肥、钾肥以50%，磷肥以25%，镁肥以20%计。

（二）施肥总量

根据橡胶树主要营养元素情况计算出各种肥料的总用量，即

$$F = F_{s1} + F_{s2} + F_{s3} + \cdots\cdots F_{sn}$$

（三）施肥配比

根据各元素肥料的用量及施肥总量求出各种元素配料的配比。

二、橡胶树营养类型和施肥配方

在橡胶树的配方施肥中，用氮、磷、钾和镁几种营养元素来决定用何种配方。根据我们多年的田间试验和调查结果，设定了12种营养类型和9种配方（表3-1）。各配方的施肥量见表3-2。

表3-1　营养类型和配方

营养类型	配方	营养类型	配方	营养类型	配方
正常型	1#配方	缺磷型	5#配方	缺氮镁型	2#配方
缺镁型	2#配方	缺磷镁型	6#配方	缺氮磷型	5#配方
缺钾型	3#配方	缺磷钾型	7#配方	缺氮钾型	9#配方
缺钾镁型	4#配方	缺氮型	8#配方	缺氮磷钾型	1#配方

表3-2　橡胶树施肥配方表

配方	N%：P_2O_5%：K_2O%：MgO%	配方肥施肥量（kg/株）
1#配方	15：10：12：2	0.80
2#配方	15：8：10：4	0.90

（续表）

配方	N%：P$_2$O$_5$%：K$_2$O%：MgO%	配方肥施肥量（kg/株）
3$^#$配方	11：7：18：2	1.00
4$^#$配方	11：7：18：4	1.00
5$^#$配方	15：12：8：3	1.20
6$^#$配方	15：15：10：4	0.90
7$^#$配方	13：13：13：3	0.90
8$^#$配方	18：7：9：2	1.00
9$^#$配方	16：6：15：3	1.10

第二节　橡胶树施肥决策模型

一、决策隶属函数

实测值橡胶树叶片营养元素丰富、缺乏采用下式隶属函数判断：

$$f(x) = \begin{cases} 1 & x \geqslant x_0 \\ 0 & x < x_0 \end{cases}$$

式中，$f(x)$，营养元素丰、缺隶属函数；x，实际测定的橡胶树叶片常量元素（N、P、K、Mg）；x_0，橡胶树叶片养分含量指标临界值。

判断每年实测的橡胶树叶片营养丰缺是建立施肥决策和确定配方的基础，在研究中，根据《橡胶树栽培技术规程实施细则》[45]橡胶树叶片营养水平划分标准，选择橡胶树叶片正常的养分含量的下限值作为指标临界值x_0（表3-3）。

表3-3　橡胶树叶片养分含量临界值x_0

元素	养分含量（g/kg）
N	33.0
P	2.3
K	10.0
Mg	3.5

二、建立决策树

根据橡胶树叶片养分含量临界值x_0和营养类型和配方的信息，形成决策表3-4，建立决策树，决策树的结构如图3-1。

表3-4　橡胶树配方决策表

U	氮	磷	钾	镁	配方号
X_1	1	1	1	1	1
X_2	1	1	1	0	2
X_3	1	1	0	1	3
X_4	1	1	0	0	4
X_5	1	0	1	1	5
X_6	1	0	1	0	6
X_7	1	0	0	1	7
X_8	1	0	0	0	7
X_9	0	1	1	1	8
X_{10}	0	1	1	0	2
X_{11}	0	1	0	1	9
X_{12}	0	1	0	0	9

（续表）

U	氮	磷	钾	镁	配方号
X_{13}	0	0	1	1	5
X_{14}	0	0	1	0	5
X_{15}	0	0	0	1	1
X_{16}	0	0	0	0	1

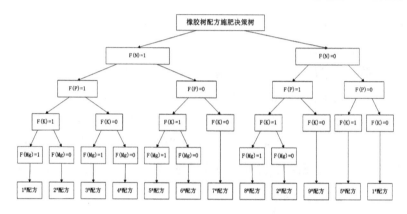

图3-1 橡胶树配方施肥决策树结构

三、橡胶树配方施肥决策流程

在橡胶树配方施肥决策中，采用GIS技术与施肥模型相结合的方法，建立N、P、K和Mg营养元素空间分布，通过提取网格点上的营养元素数据，实现网格点配方指导（图3-2）。

图3-2 橡胶树配方施肥决策流程

第四章 橡胶树施肥信息管理系统的设计

本章针对橡胶树精准施肥的需要，设计了一个橡胶树施肥信息管理系统的建设方案。针对云南东风农场橡胶园养分管理与施肥现状，以3S技术为主体的现代信息技术与橡胶树营养诊断施肥技术相结合，在分析需求的基础上设计系统的功能模块。橡胶树施肥信息管理系统采用Geoserver+Openlayers作为GIS功能的开发平台，通过SQL Server+ArcSDE实现对空间数据的组织和管理，是一个基于B/S架构的网络地理信息系统。

第一节 总体架构

一、用户需求

软件开发项目的第一步就是做好项目的需求分析。本系统的用户是以种植橡胶树作为主要产业的国营农场，系统建设目标为橡胶园养分管理与精准施肥，根据用户需求调研，系统应具备如下基本需求。

①橡胶园基础信息浏览与查询；②橡胶园土壤养分状况的查

询。③橡胶树营养状况的查询；④提供橡胶树精准施肥决策；⑤提供橡胶树精准施肥技术方案；⑥为了实现对橡胶树的精准管理，系统还应该能够对数据进行维护与更新，但需要用户取得相应权限才能使用。

因此，作为一个完整的GIS系统，橡胶树施肥信息管理系统应具备以下特征和功能：能够支持常用的矢量及栅格数据的发布；提供方便、灵活的地图操作；提供地图数据和属性数据的一体化管理，提供方便的检索功能，通过属性信息可以在地图上查询其位置，同时可由地图信息查询出相应的属性信息；提供橡胶树精准施肥决策功能模块；提供用户权限管理，具有特定权限的用户才能编辑相关图形。

二、系统总体架构

橡胶树施肥信息管理系统是一个基于B/S架构的应用系统。系统从上到下依次为表示层、应用层、服务层、数据层，如图4-1。

1.数据层

对结构化和非结构化的数据进行调度与存储。

2.服务层

服务层是一个针对具体应用的专属层，它为应用层提供与数据源交互的最小操作方式，仅仅是业务层需要的数据访问接口，应用层完全依赖服务层所提供的服务。这些服务负责从应用层接收数据或返回应用实体，它屏蔽了实际应用数据与机器存储方式的差别。

3.应用层

应用层是整个系统的功能集合，按功能的不同分为：地图的基本操作、矢量图层信息（新增、查询、修改、删除）操作、浏览影像与专题图信息，打印专题图、判断橡胶树施肥配方、数据检索、用户管理等。

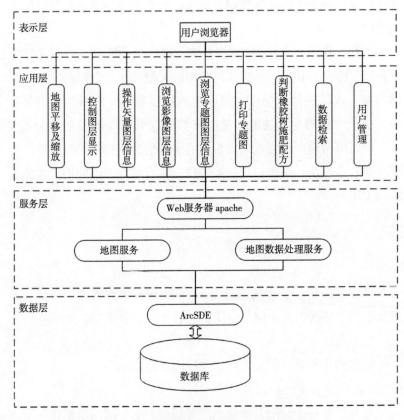

图4-1　橡胶树施肥信息管理系统总体架构

4.表示层

表示层整体以WebGIS方式展现，同时为应用层中的功能提供相应的信息表现。

三、系统功能设计

橡胶树施肥信息管理系统主要包括以下几个模块：图层信息浏览显示、地图漫游及缩放、数据查询与检索、数据维护与更新、橡胶树施肥、打印专题图和用户管理[48]。

1.图层信息浏览显示

通过对采集的多源数据进行处理和集成，得到系统所需的相关图层信息，并以目录的形式在系统中展示给用户。主要包括以下图层信息：基础地理信息、土地利用现状信息、场部及居民点、诊断区GPS采样定位点、诊断区基础信息、土壤养分信息、橡胶树叶片养分信息、数字高程、航拍影像和胶园管理信息等。

2.地图漫游及缩放

系统提供漫游、放大、缩小等基本地图操作工具。支持地图漫游、中心放大（缩小）、导航放大（缩小）、拉框放大（缩小）、鼠标滑轮放大（缩小）等基本功能。

3.数据查询与检索

系统提供查询和检索两个工具。查询工具针对选中的图层以Identify的方式进行查询，支持点选和框选查询。检索工具提供SQL方式的条件查询，可以通过下拉列表选择相应的条件进行检索。

4.数据维护与更新

为了实现对橡胶树的精准管理，系统应该能够数据进行维护与更新。系统提供对已有图层的要素属性进行修改或添加新的要素等功能。本模块需要取得相应权限才能使用。

5.橡胶树施肥

橡胶树施肥是系统最核心的模块。基于本研究所建立的配方施肥决策模型，系统开发了手动判断施肥配方、按生产队判断施肥配方、选择区域判断施肥配方和点击查询施肥配方4种方式判断橡胶树施肥配方。

6.打印专题图

系统提供快速打印输出东风农场橡胶园专题图。主要包括：土壤全氮含量等级图、土壤有机质含量等级图、土壤速效磷含量等级图、土壤速效钾含量等级图、土壤PH等级图、叶片氮含量等级图、叶片磷含量等级图、叶片钾含量等级图、叶片钙含量等级图和叶片镁含量等级图。

7.用户管理

用户管理模块只有系统管理员才有权限使用。包括添加用户、修改用户信息和删除用户。

四、系统数据库设计

橡胶树施肥信息管理系统不同于一般的信息管理系统，它需要同时处理空间数据和属性数据。空间数据库被设计用来同时存储空间数据和属性数据。空间数据库一直是地理信息科学的核心内容，目前，主要包括3种管理模式：传统的GIS数据管理模式，将空间数据和属性数据分开管理；关系型的数据库管理模式，通过空间数据库引擎将空间数据和属性数据集成在通用的DBMS中，使得空间数据得到有效的管理；面向对象的空间数据模型，它是一种抽象的数据模型，具有可扩性，可以模拟和操纵复杂对象。

目前的数据库以关系数据库为主，利用空间数据库引擎对关系型数据库进行扩展是最普遍的空间数据库解决方案。本系统采用关系型的数据库管理模式，利用ESRI的ArcSDE空间数据库引擎实现关系数据库管理系统管理空间数据库。系统通过SQL

Server+ArcSDE实现对空间信息和属性信息的组织和管理。

1.空间数据模型

空间数据模型的建立就是寻求一种描述地理实体的有效的数据表示方法，根据应用要求建立实体的数据结构和实体之间的关系以便于应用。系统以Geodatabase为基础来设计和构建橡胶树施肥的空间数据模型，Geodatabase是ArcGIS数据模型发展的第三代产物，它是面向对象的空间数据模型，能够表示要素的自然行为和要素之间的关系。空间数据库中包括矢量数据和栅格数据，遥感和航拍影像信息以栅格数据形式存储，矢量数据的存储方式是空间数据模型设计的主要部分。空间数据库的设计包括物理设计和逻辑设计两个部分，逻辑设计和物理设计有着一一对应的关系。一个空间数据库物理上就是一个Geodatabase，图层就是某一类空间实体的总和，一个图层被设计成一个要素类，要素类按照所属的要素数据集和所包含的要素类型来命名。本系统空间数据模型中包含了农场、生产队、诊断区、水系、道路、采样定位点、居民点等空间信息，分别对应7个相应的图层[49]。设计思路如图4-2所示。

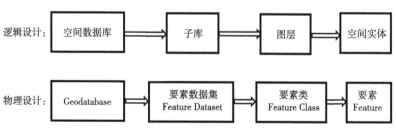

图4-2　橡胶树施肥空间数据模型设计

2.属性数据模型

任何一个空间要素都要对应一条基本属性记录，基本属性数据与空间实体一一对应，由于空间实体的唯一性，其基本属性数据也是唯一的。根据橡胶树施肥信息管理系统开发和实际应用的需要，确定本系统属性数据模型主要包括橡胶园基本属性、胶园土壤营养属性、橡胶树营养属性及橡胶园生产管理属性、立地属性及气候属性等（表4-1）。系统基本属性数据均独立于空间数据之外，需要给空间实体设置唯一的内部标识码，以建立各种属性信息与空间要素的联系。

表4-1　属性数据模型要素设计

编号	基本属性	土壤营养	橡胶树营养	生产管理	胶园立地	胶园气候
1	土地面积	土层厚度	品种	施肥种类	农场	年均温度（℃）
2	植被覆盖度	土壤类型	树围（cm）	施肥量（kg/株）	生产队	最高温度（℃）
3	前作	土壤质地	叶片氮（g/kg）	养分比例	诊断区	极地温度（℃）
4	定植时间	全氮（g/kg）	叶片磷（g/kg）	施肥方式	经度	相对湿度（%）
5	定植株数	有机质（g/kg）	叶片钾（g/kg）	割胶制度	纬度	降雨量（mm）
6	株行距（m×m）	速效磷（mg/kg）	叶片钙（g/kg）	割胶刀数（刀）	海拔（m）	风向
7	树位编号	速效钾（mg/kg）	叶片镁（g/kg）	寒害（等级）		风速（m/s）
8	割胶工	pH	年产胶乳（kg）	死皮停割率（%）		
9	现有株数		年均干含（%）			
10	割株		年产干胶（kg）			
...						

第二节　系统软硬件环境与安全需求

一、系统软硬件环境

在企业内部建立局域网，由一台服务器或多台服务器与多台PC机组成。

（一）服务器环境需求

1. 硬件

（1）CUP　四核；

（2）内存　4GB；

（3）硬盘　500GB。

2. 软件

（1）操作系统　Windows Server2003及以上版本；

（2）Web服务器　tomcat7.0及以上版本；apache2.2以上版本；

（3）数据库　SQL Server2005及以上版本；

（4）空间数据库引擎　ESRI ArcSDE10.0及以上版本；

（5）地图服务器　geoserver2.2.2及以上版本。

（二）客户机环境需求

1. 硬件

（1）CUP　2.10GHz；

（2）内存　2GB；

（3）硬盘　40GB。

2.软件

（1）操作系统　Windows XP以上版本；

（2）网页浏览器。

（三）网络环境需求

100M以上局域网网络传输速度。

二、系统安全需求

在系统中，主要面对的安全风险是用户的越权访问。因此，对于软件系统的安全保障设计，主要依靠操作系统和数据库自身的安全体系，在软件系统中划分用户的访问权限。

1.充分利用操作系统、数据库自身安全体系

在软件编程过程中，充分利用操作系统、数据库系统自身的安全特性，禁止采用任何非常规的方法来实现用户访问授权，避免留下"后门"造成数据被窃取、破坏或篡改。

使用主流、成熟、应用广泛的操作系统版本，避免不成熟技术引起的漏洞。对操作系统和数据库进行补丁升级，漏洞修补。在应用系统环境中，使用操作系统的配额机制、数据库的用户标识与鉴别、存取控制、视图、审计和数据加密等安全机制来保障数据的安全和授权访问。

2.对用户进行权限识别

为了保障各功能模块的授权使用和数据不被非法访问，系统划分了不同的操作权限。系统管理人员可以方便、灵活地将这些权限

等级分配给某个用户。当用户登录时，系统在用户身份验证通过后取得用户的权限，根据用户权限显示相应的功能菜单。当用户对数据进行读、写、删除或浏览操作时，系统判断用户对该数据的访问权限确定是否允许该操作的执行。

3.数据合法性验证

在保存数据之前验证数据的合法性，只有验证通过的数据才能提交到服务器进行保存操作。

4.用户界面的安全性考虑

在界面上通过程序控制出错几率，减少系统因用户人为的错误引起的破坏。

5.输入限制

对一些特殊符号和计算机代码的输入、与系统使用的符号相冲突的字符等进行判断并阻止用户输入该字符。

第五章 橡胶树施肥信息管理系统的实现

第一节 服务器端实现

服务器端的实现主要包括系统软件环境安装、Web服务器配置、地图服务器配置、建立数据库以及使用GeoServer创建地图服务。

一、建立空间数据库

安装ArcSDE for SQL Server并创建一个空间数据库DFNCXJ，同时创建一个ArcSDE数据库管理员用户sde。可以用登录名sde登录SQL Server，查看是否有空间数据库DFNCXJ（图5-1）。

图5-1　SQL Server中的空间数据库

（一）导入矢量数据

通过ArcCatalog建立ArcSDE连接，把处理后的矢量图层数据导入SQLServer数据库服务器的DFNCXJ数据库（图5-2）。诊断区图层是系统最重要的矢量数据，其属性表结构如表5-1所示，包含诊断区每年固定不变的基础信息。

图5-2　通过ArcSDE向SQLServer导入矢量数据

表5-1　诊断区图层属性

字段名称	字段说明	类型	长度	备注
OBJECTID		int	4	
ZDQ	诊断区	nvarchar	20	
SCD	生产队	nvarchar	20	
PQ	片区	nvarchar	20	
PX	品系	nvarchar	20	
XMJDY	姓名及单元	nvarchar	254	
TCHD_	土层厚度	nvarchar	20	
TRLX	土壤类型	nvarchar	20	
TRZD	土壤质地	nvarchar	20	
ZBFGD	植被覆盖度	nvarchar	20	
QZ	前作	nvarchar	20	

（续表）

字段名称	字段说明	类型	长度	备注
ZHJ	株行距	nvarchar	20	
JMZ	居民组	int	4	
ZDDWBH	诊断单位编号	int	4	
DYS	单元数	int	4	
DZSJ	定植时间	int	4	
KGSJ	开割时间	int	4	
Shape		int	4	

（二）导入属性表数据

1.新建属性表

属性表包括诊断区属性表和用户管理属性表。

用sde登陆SQL Server，在DFNCXJ数据库中新建诊断区属性表和用户管理属性表，接下来在ArcCatalog中将诊断区属性表和用户管理属性表注册到地理数据库中。诊断区属性表包含诊断区逐年变化的属性信息（表5-2）。用户管理属性表用于管理系统用户信息（表5-3）。

表5-2　诊断区属性表

字段名称	字段说明	类型	长度	备注
KGMJ	开割面积（667m^2）	float	8	
GZ	割株（株）	int	4	
ZC	正常（株）	int	4	
BC	病残（株）	int	4	
QT	其他（株）	int	4	
SCJR	生产胶乳（kg）	float	8	

（续表）

字段名称	字段说明	类型	长度	备注
SCGJ	生产干胶（kg）	float	8	
RGJ	乳干胶（kg）	float	8	
ZGJ	杂干胶（kg）	float	8	
MC_	单产（kg/667m^2）	float	8	
ZC_	株产（kg/株）	float	8	
NP_JG_	年平均干含（%）	float	8	
NZ_GC_	年总割次（刀次）	float	8	
HH_	寒害（等级）	nvarchar	256	
SW_	树围（cm）	float	8	
SFZL	施肥种类，施肥量（kg/株），养分含量（%）	nvarchar	256	
SFFS	施肥方式	nvarchar	256	
GZ_	割制	nvarchar	256	
YPD_g_k	叶片氮（g/kg）	float	8	
YPL_g_k	叶片磷（g/kg）	float	8	
YPJ_g_k	叶片钾（g/kg）	float	8	
YPG_g_k	叶片钙（g/kg）	float	8	
YPM_g_k	叶片镁（g/kg）	float		
TRQD_g	土壤全氮（g/kg）	float		
TRYJZ	土壤有机质（g/kg）	float		
TRSXJ	土壤速效钾（mg/kg）	float		
TRSXL	土壤速效磷（mg/kg）	float		
TRPH	土壤pH	float		
ADDYEAR	年份	smallint		

表5-3　用户管理表

字段名称	字段说明	类型	长度	备注
USERID	用户ID	int	4	主键
USERNAME	用户名	nvarchar	16	
USERPWD	用户密码	nvarchar	16	
PRIVILEGE	用户权限	int	4	
MANAGEPRIVILEGE	管理权限	int	4	
DESCRIBE	描述	nvarchar	50	
CLASSID	用户类型	int	4	

2.导入属性信息

接下来将逐年变化的诊断区属性信息导入诊断区属性表，每年的诊断区属性信息均以Excel表的形式存储，依次导入不同年份的诊断区属性信息（图5-3和图5-4）。

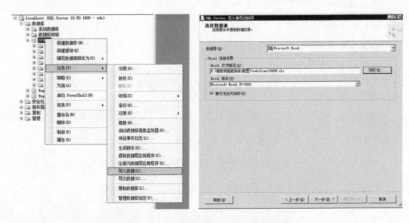

图5-3　导入数据——选择数据源

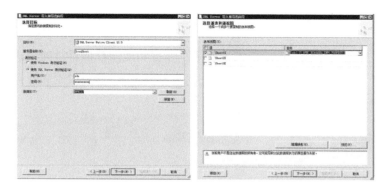

图5-4　导入数据——选择源表和目标表

二、创建地图服务

首先启动GeoServer服务器，然后打开GeoServer管理页面，以管理员身份登录，进入GeoServer地图服务器管理界面。

（一）新建一个工作空间（WorkSpace）

新建一个WorkSpace，命名为"DFNCXJ"，命名空间URL设置为"http://www.gis.com/gis"，如图5-5所示，然后单击"提交"按钮。命名空URL并不需要一个真实的URL，只需要确保它是唯一标识。

图5-5　建立WorkSpace

（二）在工作空间中添加新的数据存储

数据存储（Stores）维护着地图数据和地图数据目录的映射关系。以添加矢量数据为例，系统的矢量数据通过ArcSDE进行管理（图5-6）。

图5-6　新建矢量数据源

（三）发布图层样式

要在Geoserver中发布满足需要的Web地图服务（WMS），通常需要对地图样式进行编辑。Udig是一款开源的桌面GIS软件，Udig提供可视化的样式编辑功能，可以将修改后的图层样式导出为样式文件（SLD），在发布地图数据的时候就可以使用图层样式到对应的地图图层。Udig的下载地址为http://udig.refractions.net/download/。

在GeoServer地图服务器管理界面的左边，单击数据（Data）中的样式（Styles）进入样式管理界面，单击"add a new style"。在页面底端单击"选择文件"可以浏览之前创建的SLD文件，选择后单击"上传（upload）"导入选择的SLD文件，单击"提交"按钮完成新建样式（图5-7）。

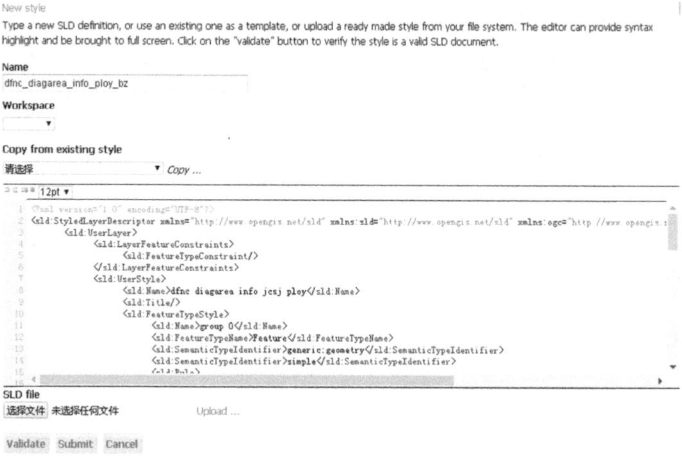

New style

Type a new SLD definition, or use an existing one as a template, or upload a ready made style from your file system. The editor can provide syntax highlight and be brought to full screen. Click on the "validate" button to verify the style is a valid SLD document.

Name

dfnc_diagarea_info_ploy_bz

Workspace

▼

Copy from existing style

请选择　▼　*Copy ...*

```
⊃⊂↵↵ 12pt ▼
 1  <?xml version="1.0" encoding="UTF-8"?>
 2  <sld:StyledLayerDescriptor xmlns="http://www.opengis.net/sld" xmlns:sld="http://www.opengis.net/sld" xmlns:ogc="http://www.opengis
 3      <sld:UserLayer>
 4          <sld:LayerFeatureConstraints>
 5              <sld:FeatureTypeConstraint/>
 6          </sld:LayerFeatureConstraints>
 7          <sld:UserStyle>
 8              <sld:Name>dfnc_diagarea_info_jcsj_ploy</sld:Name>
 9              <sld:Title/>
10              <sld:FeatureTypeStyle>
11                  <sld:Name>group_0</sld:Name>
12                  <sld:FeatureTypeName>Feature</sld:FeatureTypeName>
13                  <sld:SemanticTypeIdentifier>generic:geometry</sld:SemanticTypeIdentifier>
14                  <sld:SemanticTypeIdentifier>simple</sld:SemanticTypeIdentifier>
15                  <sld:Rule>
```

SLD file

选择文件　未选择任何文件　　　*Upload ...*

Validate　Submit　Cancel

图5-7　新建图层样式

（四）发布地图图层

在GeoServer地图服务器管理界面的左边，单击数据（Data）中的图层（Layers），进入图层管理界面。以发布诊断区图层为例，在图层列表中找到诊断区图层，然后单击"发布"进入图层发布界面（图5-8）。

图5-8　图层发布界面

在数据（Data）选项卡的"坐标参考系统"部分，首先在"Declared SRS"文本框中输入"EPSG：4326"，并将"SRS handling"设置为"Force declared"。然后，通过单击"Compute from data"和"Compute from native bounds"计算并自动填充边框坐标（图5-9）。

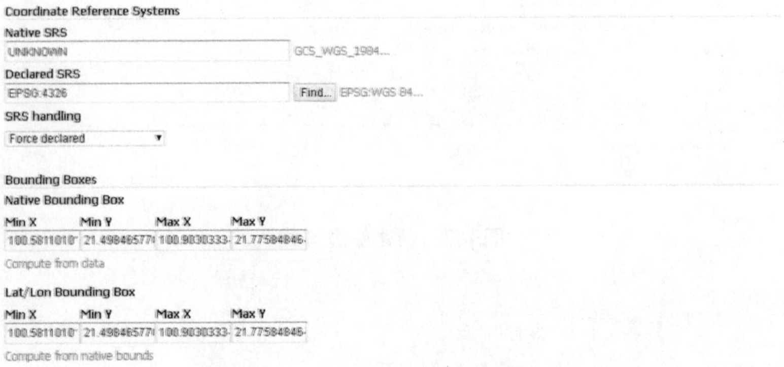

图5-9　设置坐标参考系统与边框坐标

在发布（Publishing）选项卡部分，将Default Style修改为所需的样式（图5-10），最后单击"save"保存，完成地图发布。

图5-10　设置图层样式

（五）创建切片地图

要提高Web地图的访问速度，使用地图切片是非常有效的方法。切片地图采用的是金字塔模型，是一种多分辨率层次模型，从切片金字塔的底层到顶层，比例尺越来越小，分辨率越来越低，但表示的地理范围不变。为了提高访问速度，对系统用到的所有栅格数据创建切片缓存。

在GeoServer地图服务器管理界面的左边，单击切片缓存（Tile Caching）中的切片图层（Tile Layers），进入切片图层管理界面。选择需要切图的文件单击"Seed/Truncate"，打开一个创建切图缓存任务的窗口（图5-11），设置好各参数后，单击"Submit"提交，页面将进入执行任务列表页面，单击"Refresh list"，可以看到图5-12所示的进度显示，当单击"Refresh list"后，该进度列表消失时，表示地图切片已经创建完成。

图5-11　创建一个切片缓存任务

List of currently executing tasks:

Id	Layer	Status	Type	Estimated # of tiles	Tiles completed	Time elapsed	Time remaining	Tasks
1	DFNCXJ:dfnc_airplan84	RUNNING	SEED	1,179,362	78,544	3 minutes 8 s	43 minutes 55 s	(Task 1 of 1) Kill Task

Refresh list

图5-12 当前地图切片任务列表

第二节 客户端实现

OpenLayers是一个用于开发WebGIS客户端的开源的JavaScript包，本系统客户端的实现采用了OpenLayers。

一、客户端页面简介

客户端页面主要包括登录页面（login.htm）、主页面（default.htm）、打印专题图页面（print.htm）以及用户管理页面（userManage.htm）。用户通过登录页面成功登录到系统后，进入客户端主页面（图5-13）。

图5-13 橡胶树施肥信息管理系统主页面

主页面分为：工具栏、树形菜单、地图操作区、页脚区。

（一）工具栏

包括对图层的所有操作，将鼠标指针停留在工具栏图标上则会出现该工具的功能提示。工具栏工具依次为：漫游地图、放大地图、缩小地图、属性查询、添加点、添加面、修改数据、操作设置、数据检索、橡胶树施肥配方、用户管理（表5-4）。

表5-4 工具栏工具功能简介

工具	功能描述
漫游	平移地图
放大	中心放大地图、拉框放大地图
缩小	中心缩小地图、拉框缩小地图
查询	查询矢量图层信息
添加点	新增点图层信息
添加面	新增面图层信息
修改	修改矢量图层信息
设置	包括操作年份设置、打印专题图、操作手册浏览与下载、叶片和土壤采集方法浏览与下载
检索	检索农场诊断区信息
橡胶树施肥	包括手动判断施肥配方、按生产队判断施肥配方、选择区域判断施肥配方、点击查询养分施肥配方4种方式
用户管理	管理系统普通用户，只有系统管理员才有使用此项功能的权限

（二）树形菜单

以树形菜单的形式展示图层目录，打"√"标识是否显示图层，蓝色背景白色字样式的图层表示当前操作的图层，图标的类型表示图层是点、线、面、影像中哪种类型。

（三）地图操作区

显示地图，对图层的编辑工作就在地图操作区上完成。

（四）页脚区

页脚区主要显示比例尺与鼠标坐标位置等信息。

二、客户端实现

橡胶树施肥信息管理系统主要包括以下几个模块：图层信息浏览显示、地图漫游及缩放、数据查询与检索、数据维护与更新、橡胶树施肥、打印专题图和用户管理。

（一）图层信息浏览显示

系统实现了以树形菜单的形式展示图层目录，树形菜单实现的功能主要有：①通过可选框控制图层显示；②通过单击图层目录的图层名称激活该图层，激活的图层为当前操作的图层，通过判断当前操作图层的类型（点、线、面、栅格）控制地图操作工具的可用性。图层目录主要包括以下图层信息：诊断区GPS采样定位点、场部及居民点、诊断区基础信息、航拍影像、坡度、坡向、数字高程、橡胶园专题图、橡胶树缺素图等。如图5-14所示，东风农场诊断区基础信息和航拍影像在地图操作区可见，东风农场诊断区基础信息图层为当前操作图层，由于该图层为面文件，地图操作工具"添加点"不可用。

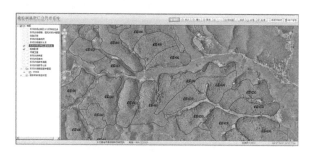

图5-14　图层信息浏览显示

（二）地图漫游及缩放

系统实现了漫游、放大、缩小等基本地图操作。支持地图漫游、中心放大（缩小）、导航放大（缩小）、拉框放大（缩小）、鼠标滑轮放大（缩小）等基本功能。

（三）数据查询与检索

系统提供查询和检索两个工具。查询工具针对选中的图层以Identify的方式进行查询，支持点选和框选查询。检索工具提供SQL方式的条件查询，可以通过下拉列表选择相应的条件进行检索（图5-15至图5-16）。

图5-15　图层属性信息查询

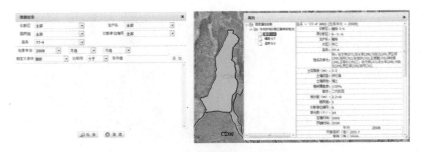

图5-16　属性信息检索

（四）数据维护与更新

对矢量图层提供新增、查询、修改、删除信息操作，用户按所分配到的权限管理矢量图层信息。图5-17为对诊断区属性信息进行修改的界面。

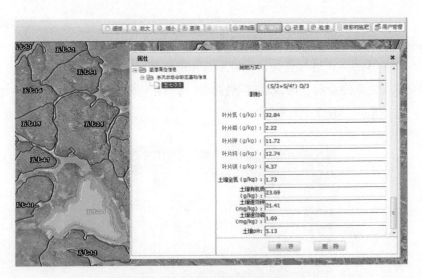

图5-17　图层要素属性修改

（五）橡胶树施肥

橡胶树施肥是系统最核心的模块。基于本研究所建立的配方施肥决策模型，系统开发了4种方式判断橡胶树施肥配方：手动判断施肥配方；按生产队判断施肥配方；选择区域判断施肥配方；点击查询施肥配方。图5-18为按生产队判断橡胶树施肥配方的方式得到的金沙生产队各诊断区的施肥配方示意图。

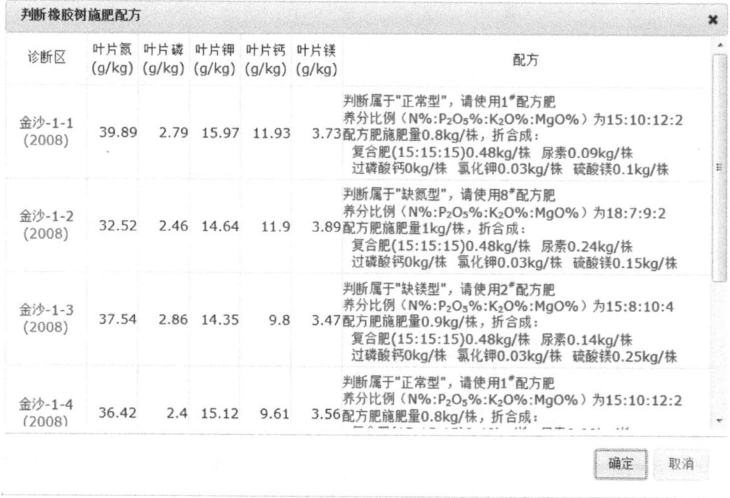

判断橡胶树施肥配方						✕
诊断区	叶片氮 (g/kg)	叶片磷 (g/kg)	叶片钾 (g/kg)	叶片钙 (g/kg)	叶片镁 (g/kg)	配方
金沙-1-1 (2008)	39.89	2.79	15.97	11.93		判断属于"正常型"，请使用1#配方肥 养分比例（N%:P₂O₅%:K₂O%:MgO%）为15:10:12:2 3.73配方肥施肥量0.8kg/株，折合成: 复合肥(15:15:15)0.48kg/株 尿素0.09kg/株 过磷酸钙0kg/株 氯化钾0.03kg/株 硫酸镁0.1kg/株
金沙-1-2 (2008)	32.52	2.46	14.64	11.9		判断属于"缺氮型"，请使用8#配方肥 养分比例（N%:P₂O₅%:K₂O%:MgO%）为18:7:9:2 3.89配方肥施肥量1kg/株，折合成: 复合肥(15:15:15)0.48kg/株 尿素0.24kg/株 过磷酸钙0kg/株 氯化钾0.03kg/株 硫酸镁0.15kg/株
金沙-1-3 (2008)	37.54	2.86	14.35	9.8		判断属于"缺镁型"，请使用2#配方肥 养分比例（N%:P₂O₅%:K₂O%:MgO%）为15:8:10:4 3.47配方肥施肥量0.9kg/株，折合成: 复合肥(15:15:15)0.48kg/株 尿素0.14kg/株 过磷酸钙0kg/株 氯化钾0.03kg/株 硫酸镁0.25kg/株
金沙-1-4 (2008)	36.42	2.4	15.12	9.61		判断属于"正常型"，请使用1#配方肥 养分比例（N%:P₂O₅%:K₂O%:MgO%）为15:10:12:2 3.56配方肥施肥量0.8kg/株，折合成:

确定　取消

图5-18　按生产队判断橡胶树施肥配方

（六）打印专题图

系统提供快速打印输出东风农场橡胶园专题图（图5-19）。主要包括：土壤全氮含量等级图、土壤有机质含量等级图、土壤速效磷含量等级图、土壤速效钾含量等级图、土壤pH等级图、叶片氮含量等级图、叶片磷含量等级图、叶片钾含量等级图、叶片钙含量等级图和叶片镁含量等级图。

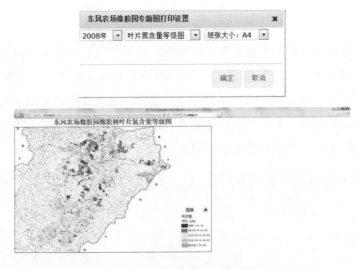

图5-19　打印专题图

（七）用户管理

用户管理模块只有系统管理员才有权限使用，包括添加用户、修改用户信息和删除用户（图5-20）。

图5-20　用户管理界面

第三节　系统的技术特点

橡胶树施肥信息管理系统的开发是基于3S技术与橡胶树营养诊断施肥技术的结合，系统包括橡胶树精准施肥数据库管理系统、施肥决策支持系统和网络发布系统。针对不同胶园的土壤养分、生态区域特点、胶树现状及当前生产水平提出其精准施肥方案，从而实现因地因树比较准确的施肥，提高肥料利用率。配方施肥单元面积由原来的万亩级减小到百亩级，实现针对胶园的土壤和橡胶树的养分变异情况来进行施肥管理，使施肥投入的管理单元缩小到原来的百分之一甚至千分之一，施肥的精准程度大大提高，实现橡胶树施肥的精准化、智能化和网络化。

本书采用开源WebGIS软件GeoServer作为WebGIS服务器，应用JavaScript技术建立了一个基于B/S模式的橡胶树施肥信息管理系统。通过系统的开发与应用，验证了基于JavaScript技术和开源WebGIS软件实现橡胶树施肥信息管理系统的可行性。系统除具备胶园基础信息查询、橡胶树营养和胶园土壤养分空间查询分析等基础功能外，还提供了四种判断橡胶树施肥配方的方法，以满足不同的用户需求。系统具有以下几个特点。

①系统所采用的技术都是基于标准化并且被广泛支持的，系统运行时，客户端用户只需要有一个浏览器即可，无需安装任何其他软件。②JavaScript技术的应用大大减轻了服务器计算负担和网络传输负担，而且Ajax技术的应用让客户端与服务器的交互变得更加高效，加快了响应速度，给用户提供了良好的用户体验。③由于系统采用开源WebGIS软件，可避免购买昂贵的WebGIS产品，降低了开发成本。④系统使用标准协议，具有良好的封装性、分布性和可集成能力。

参考文献

［1］王大鹏，王秀全，成镜，等. 海南植胶区养分管理现状与改进策略[J]. 热带农业科学，2013，33（9）：22-27.

［2］麦全法. 中国主要植胶区胶园生态系统养分变化趋势的研究[D]. 华南热带农业大学，2006.

［3］陆行正，何向东. 橡胶树的营养诊断指导施肥[J]. 热带作物学报，1982（1）：27-39.

［4］李维锐. 云南天然橡胶产业创新发展科技需求与科技创新方向[J]. 热带农业科技，2013（1）：1-4.

［5］杨丽萍，李春丽，黎小清，等. 西双版纳东风农场近20年橡胶园养分变化观察[J]. 热带农业科技，2015，38（1）：1-4.

［6］纪龙蛰，单庆晓. GNSS全球卫星导航系统发展概况及最新进展[J]. 全球定位系统，2012（5）：56-61.

［7］王小妮，赵子峥，韩超. 美国GPS现代化战略研究[J]. 全球定位系统，2017，42（1）：100-102.

［8］李宏玺. 格洛纳斯（GLONASS）发展概述[J]. 中国高新区，2018（6）：277.

［9］ESA. What is Galileo[EB/OL]. [2017-11-02]. http://www.esa.int/Our_Activities/Navigation/Galileo/What_is_Galileo.

［10］中华人民共和国国务院新闻办公室. 中国北斗卫星导航系统[R]. 北京：人民出版社，2016.

［11］杨欣，陈飚，谢奇勇，高剑.北斗卫星导航系统进入全球组网新时代[J].卫星应用，2017（11）：68.

［12］赵英时. 遥感应用分析原理与方法[M]. 北京：科学出版社，2003.

［13］黄杏元，马劲松，汤勤. 地理信息系统概论[M]. 北京：高等教育出版社，2001.

［14］胡鹏，黄杏元，华一新. 地理信息系统教程[M]. 武汉：武汉大学出版社，2002.

［15］李福金，秦志伟. WebGIS开发平台及实现技术的分析比较[J]. 测绘与

空间地理信息，2011，34（4）：62-63.

[16]Robert P C. Precision agriculture: a challenge for crop nutrition management[J]. Plant & Soil, 2002, 247（1）：143-149.

[17]谢高地，陈沈斌，等.环境的空间连续变异与精准农业[M].北京：气象出版社，2005.

[18]汪懋华. "精细农业" 发展与工程技术创新[J]. 农业工程学报，1999，15（1）：1-8.

[19]Moral F J, Terrón J M, Rebollo F J. Site-specific management zones based on the Rash model and geostatistical techniques[J]. Computers & Electronics in Agriculture, 2011, 75（2）：223-230.

[20]孙九林. 中国农作物遥感动态监测与估产总论[M]. 北京：中国科学技术出版社，1996.

[21]程一松，胡春胜. 高光谱遥感在精准农业中的应用[J]. 土壤与作物，2001，17（3）：193-195.

[22]Brocca L, Morbidelli R, Melone F, et al. Soil moisture spatial variability in experimental areas of central Italy[J]. Journal of Hydrology, 2007, 333（2）：356-373.

[23]Ortiz B V, Perry C, Goovaerts P, et al. Geostatistical modeling of the spatial variability and risk areas of southern root-knot nematodes in relation to soil properties.[J]. Geoderma, 2010, 156（3-4）：243.

[24]董玮，陈桂芬.精准农业中管理区划分方法研究[J].安徽农业科学，2011，39（17）：10 685-10 687.

[25]白由路，金继运，杨俐苹，等.基于GIS的土壤养分分区管理模型研究[J].中国农业科学，2001，34（1）：46-50.

[26]杨敏华，陈立平，孟志军，等. 基于多维空间变异分析的精确农业作业单元自适应决策[J]. 农业工程学报，2002，18（2）：149-152.

[27]华元刚，茶正早，林钊沐，等. 海南岛桉树人工林营养与施肥[J]. 热带林业，2005，33（1）：35-38.

[28]徐卫清，张培松，林清火，等. 基于ArcGIS的国营农场橡胶园采样单元划分[J]. 热带农业工程，2009，33（2）：24-28.

[29]陈桂芬.数据挖掘与精准农业智能决策系统[M]. 北京：科学出版社，2011.

[30]白由路. 植物营养与肥料研究的回顾与展望[J]. 中国农业科学，2015，48（17）：3 477-3 492.

[31]李仁岗. 肥料效应函数[M]. 北京：中国农业出版社，1987.

[32]Kashinath R S, Vipin P B. Application of mitscherlich-bray equation

for fertilizer use in wheat[J]. Communications in Soil Science & Plant Analysis，2002，33（15-18）：3 241-3 249.

[33]白由路，杨俐苹. 我国农业中的测土配方施肥[J]. 中国土壤与肥料，2006（2）：3-7.

[34]刘成祥，周鸣铮. 对Truog-Ramamoorthy测土施肥方法的研究与讨论[J]. 土壤学报，1986（3）：285-289.

[35]侯彦林，陈守伦. 施肥模型研究综述[J]. 土壤通报，2004，35（4）：493-501.

[36]于合龙，陈桂芬，赵兰坡，等.吉林省黑土区玉米精准施肥技术研究与应用[J].吉林农业大学学报，2008，30（5）：753-759.

[37]金耀青. 配方施肥的方法及其功能——对我国配方施肥工作的述评[J]. 土壤通报，1989（1）：46-48.

[38]耿增超，张立新，赵二龙，等.陕西红富士苹果矿质营养DRIS标准研究[J]. 西北植物学报，2003，23（8）：1 422-1 428.

[39]张书慧，马成林，于春玲. 应用于精确农业变量施肥地理信息系统的开发研究[J]. 农业工程学报，2002，18（2）：153-155.

[40]赵月玲，韩海燕，王颜国，等.基于web的玉米精准施肥专家系统的研制[J].安徽农业科学，2010，38（29）：16 538-16 540.

[41]孟志军，赵春江，刘卉，等. 基于处方图的变量施肥作业系统设计与实现[J]. 江苏大学学报（自然科学版），2009，30（4）：338-342.

[42]张惜珠，黄慧德. 橡胶树栽培与割胶技术[M]. 北京：中国农业出版社，2009.

[43]何康，黄宗道. 热带北缘橡胶树栽培[M]. 广州：广东科技出版社，1987.

[44]中华人民共和国国家质量监督检验检疫总局，中国国家标准化管理委员会.橡胶树叶片营养诊断技术规程：GB/T29570-2013[S]北京：中国标准出版社，2013.

[45]云南省农垦总局.橡胶树栽培技术规程实施细则[Z]. 2003.

[46]黎小清，杨丽萍，陈永川，等. 云南东风农场橡胶树叶片养分空间分布特征[J]. 广东农业科学，2014，41（20）：75-79.

[47]黎小清，余凌翔，李春丽，等. 云南东风农场橡胶园土壤养分空间分布特征[J]. 西南农业学报，2015，28（1）：292-298.

[48]黎小清，丁华平，杨春霞，等. 基于WebGIS的东风农场橡胶树施肥信息管理系统的设计与实现[J]. 热带农业科技，2014（4）：1-5.

[49]黎小清，余凌翔，李春丽，等. 东风农场橡胶树施肥GIS数据模型的建立和数据处理[J]. 热带农业科技，2012，35（4）：5-7.